絵とき

ポンプ
基礎のきそ

選定・運転・保守点検

Mechanical Engineering Series

外山幸雄 [著]
Sotoyama Yukio

日刊工業新聞社

はじめに

　ポンプは化学工業、石油精製、発電、食品工業、パルプ工業、ビルディングの空調、飲料水、下水道など、さまざまな分野で使用されています。そしてポンプを適切に使用するために、設備計画、購買、運転、保守などに多くの方々がかかわっています。

　一方、市販されているポンプに関する本では、基本的な理論は豊富に取り上げられていて、設計者には設計の参考になって大変有益です。しかし、実際に業務としてポンプを扱う使用者の視点からは、実例が少なく物足りなさや不明なことが見受けられます。ポンプメーカではポンプの使用者向けに、据付け要領書や取扱説明書などの技術資料を発行していますが、内容が専門的すぎたり、なぜそうするのか理由がよくわからない基準が書かれていたりして、使用者にとって理解できないままポンプを使用するという不便をかけていることもあります。

　そこで、遠心ポンプの使用者の視点に立って、ポンプの構成部品と役割、ケーシングと羽根車の形状などポンプの基本的事項をはじめとして、材料、運転、性能、付属品などについて、図や表を使ってできるだけ深く掘り下げて解説します。そして本書を通じて、遠心ポンプにかかわる方々が、ポンプのことを深く理解することによって、自信をもって日常の業務を進めていくことができるようになることを目指します。

　本書は遠心ポンプに関わる方で、特に発注者、使用者および保守点検者、そして機械の設計や保守点検に携わっている方にも読んでいただきたいと思っています。もちろん、ポンプの設計者や開発者にも参考となる内容になっています。

　さて、本書は使用者が遠心ポンプを使用する上で基本となる事項として、ポンプの種類と特徴、使用する記号、単位、専門用語

などを第1章「ポンプの基礎」で取りあげて解説し、ケーシングや羽根車など各部品がなぜ必要なのか、どういう役割があるのかなどについて、使用上の注意点を含めて第2章「ポンプの構成部品と役割」で詳細に説明します。

　続いて、ポンプメーカへポンプの見積りを依頼するとき、または発注するときに、最適なポンプを得るために必要になる各種の仕様については第3章「ポンプの仕様」に、そして材料の選定と注意点については第4章「ポンプの材料」で解説します。

　ポンプを購入後、据付けして試運転、商用運転に入っていきます。第5章「ポンプの据付けと試運転」では、ポンプによる基礎荷重、据付け方法、始動時の注意点、回転方向の確認方法などを説明します。そして第6章「ポンプの運転」において、ポンプの減速運転と締切運転、空気の侵入防止方法、並列運転、直列運転、ウォーミングなどポンプの運転のときに注意していただきたい事項について詳しく解説します。最後に第7章「ポンプの保守点検」では、日常のポンプの点検、修理と改造、取替え、長期保管方法などを説明します。

　最後になりましたが、発刊するにあたり多くの方々からご協力をいただきました。本書執筆の機会を与えてくださった日刊工業新聞社の奥村功出版局長、企画の段階から多くの助言をいただいたエム編集事務所の飯嶋光雄氏、原稿が書き終わるまで応援してくれた新井拓実氏ほかの皆様に心から感謝いたします。

2014年11月　　　　　　　　　　　　　　　　　　　　　外山幸雄

絵とき　ポンプ基礎のきそ
目　次

はじめに ……………………………………………………………………… 1

第1章　ポンプの基礎
1-1　ポンプの種類と特徴 ……………………………………………… 10
　（1）　渦巻ポンプ ……………………………………………………… 10
　（2）　両吸込ポンプ …………………………………………………… 14
　（3）　専用ポンプ ……………………………………………………… 15
　（4）　シールレスポンプ ……………………………………………… 16
　（5）　多段ポンプ ……………………………………………………… 18
　（6）　高比速度ポンプ ………………………………………………… 22
　（7）　立形ポンプ ……………………………………………………… 23
　（8）　水中モータポンプ ……………………………………………… 25
1-2　ポンプで使用する記号 …………………………………………… 27
1-3　単位とその換算 …………………………………………………… 29
1-4　圧力と圧力計の読み ……………………………………………… 33
1-5　比速度 ……………………………………………………………… 37
　（1）　比速度 Ns の意義 ……………………………………………… 37
　（2）　比速度 Ns による羽根車の形状 ……………………………… 37
1-6　吸込比速度 ………………………………………………………… 40
1-7　吸込揚程 …………………………………………………………… 42
　（1）　NPSHA と NPSH3 の意味 …………………………………… 42
　（2）　NPSHA の計算 ………………………………………………… 43
　（3）　NPSHA と NPSH3 の関係 …………………………………… 44
　（4）　NPSHA と NPSH3 の具体例 ………………………………… 45
1-8　ポンプの性能曲線の見方 ………………………………………… 46

- 1-9　ポンプの性能特性 …………………………………………… 48
- 1-10　ポンプの効率 ……………………………………………… 52
  - （1）　ポンプの予想効率 …………………………………………… 52
  - （2）　効率を決める要因 …………………………………………… 55
  - （3）　ポンプ効率とモータ入力との関係 ………………………… 56
- 1-11　ポンプの速度変化 ………………………………………… 57
- 1-12　ポンプの口径 ……………………………………………… 60
- 1-13　ポンプの選定 ……………………………………………… 62
- 1-14　見積りから発注まで ……………………………………… 63
  - （1）　引合い ………………………………………………………… 63
  - （2）　価格交渉（ネゴシエーション）…………………………… 63
  - （3）　発注 …………………………………………………………… 63

第2章　ポンプの構成部品と役割

- 2-1　ケーシング …………………………………………………… 68
- 2-2　ケーシングガスケット ……………………………………… 72
- 2-3　整流板 ………………………………………………………… 74
- 2-4　羽根車 ………………………………………………………… 76
  - （1）　羽根車の構造 ………………………………………………… 76
  - （2）　羽根車のアキシャルスラスト-バランスホール ………… 78
  - （3）　羽根車のアキシャルスラスト-片ライナ ………………… 80
  - （4）　羽根車のアキシャルスラスト-裏羽根 …………………… 81
  - （5）　羽根車のアキシャルスラスト-羽根車の背面合わせ …… 82
- 2-5　ライナリングとインペラリング …………………………… 83
- 2-6　ライナリングとインペラリングのクリアランス ……… 84
- 2-7　軸封（シール）……………………………………………… 87
  - （1）　グランドパッキン …………………………………………… 87
  - （2）　メカニカルシール …………………………………………… 88

(3)　グランドパッキンとメカニカルシールの比較 ················· 91
2-8　軸スリーブ ··· 92
2-9　軸受ハウジング ··· 94
2-10　ラジアル軸受とアキシャル軸受 ···································· 96
2-11　オイルフリンガ、オイルリング、オイルミスト ········· 98
2-12　デフレクタ、オイルシール ·· 101
2-13　コンスタントレベルオイラ ·· 102
2-14　空気抜き ·· 103
2-15　軸受支柱 ·· 104
2-16　オリフィス ·· 105
2-17　サイクロンセパレータ ·· 109

第3章　ポンプの仕様

3-1　ポンプを発注する時に必要な仕様 ································ 112
　　(1)　飽和蒸気圧力 ··· 112
　　(2)　密度 ·· 114
　　(3)　比熱 ·· 115
　　(4)　動粘度 ·· 116
　　(5)　腐食性 ·· 117
　　(6)　スラリー混入または析出 ··· 118
　　(7)　硫化水素 ·· 120
　　(8)　液温 ·· 120
3-2　規定吐出し量、最大吐出し量、最小吐出し量 ············ 124
　　(1)　用語の定義 ·· 124
　　(2)　購入者の視点からの注意点 ····································· 125
3-3　間欠運転 ·· 128
3-4　設置場所、ユーティリティ ·· 128
3-5　ポンプの回転方向 ·· 129

3-6　吸込ノズルおよび吐出しノズル面 ································ 130
3-7　ノズルレーティング、方向、接続 ································ 131
　　(1)　ノズルレーティング ··· 131
　　(2)　ノズル方向 ·· 134
　　(3)　ノズル接続 ·· 136
3-8　軸受形式、軸受潤滑方式 ·· 138
　　(1)　購入のポイント ··· 138
　　(2)　温度上昇値での選択 ·· 138
3-9　ケーシングボリュート、ディフューザ ······················· 140
3-10　ケーシング支持 ·· 141
3-11　カップリング形式 ·· 143
3-12　共通ベース ··· 143
3-13　軸封形式 ·· 143
3-14　計装品 ··· 144
3-15　検査および試験 ·· 144

第4章　ポンプの材料

4-1　水を扱うポンプの材料 ·· 150
4-2　海水を扱うポンプの材料 ·· 151
4-3　化学液を扱うポンプの材料 ····································· 152
4-4　構成部品の材料 ·· 152

第5章　ポンプの据付けと試運転

5-1　ポンプによる基礎の荷重 ·· 154
　　(1)　ポンプ、駆動機および共通ベースの質量 ················ 154
　　(2)　回転体の振動による加振力 ································· 155
　　(3)　ポンプ内の液の質量 ·· 155
　　(4)　ポンプ内の液の運動量変化による荷重 ··················· 155

（5）　配管荷重と配管モーメント ……………………………………… 157
　（6）　吸込配管と吐出し配管の質量
　　　　および吸込配管と吐出し配管内の液の質量 ……………………… 161
　（7）　配管サポートによる荷重軽減 …………………………………… 161
5-2　ポンプの据付け ………………………………………………………… 162
5-3　ポンプの始動 …………………………………………………………… 166
　（1）　タイプA「押込み」でセルフベント ……………………………… 167
　（2）　タイプB「押込み」でセルフベントでない ……………………… 168
　（3）　タイプC「吸上げ」で真空ポンプ ………………………………… 168
　（4）　タイプD「吸上げ」でフート弁 …………………………………… 170
　（5）　タイプE「液中」……………………………………………………… 170
　（6）　ポンプの形式 ………………………………………………………… 171
　（7）　適用する空気抜きの方法 …………………………………………… 172
　（8）　ユーティリティの供給開始 ………………………………………… 173
5-4　回転方向の確認 ………………………………………………………… 174
　（1）　正規の回転方向の見分け方 ………………………………………… 174
　（2）　ボリュートでないポンプの場合 …………………………………… 176
5-5　ポンプの逆回転 ………………………………………………………… 177

第6章　ポンプの運転

6-1　水以外の液を扱うポンプの性能 ……………………………………… 180
6-2　ポンプの減速運転とフラッシング …………………………………… 180
6-3　ポンプの増速運転 ……………………………………………………… 186
6-4　ポンプの締切運転 ……………………………………………………… 188
6-5　密閉管路内のポンプ運転 ……………………………………………… 190
6-6　空気の侵入防止 ………………………………………………………… 193
6-7　空気を含んだ液の運転 ………………………………………………… 196
6-8　吸込側のレジューサ …………………………………………………… 199
6-9　渦の影響 ………………………………………………………………… 201

6-10　初生キャビテーション ……………………………………… 202
6-11　並列運転と直列運転 ………………………………………… 203
　　（1）　並列運転 ………………………………………………… 203
　　（2）　直列運転 ………………………………………………… 205
　　（3）　並列運転と直列運転の注意点 ……………………… 206
6-12　ポンプのウォーミング ……………………………………… 208
6-13　冷却水の制御管理 …………………………………………… 209
6-14　振動許容値とポンプの停止 ………………………………… 210

第7章　ポンプの保守点検

7-1　ポンプの点検 …………………………………………………… 212
7-2　全分解点検と間隔 ……………………………………………… 215
7-3　ポンプの修理と改造 …………………………………………… 216
7-4　ポンプの取替え ………………………………………………… 216
7-5　予備品 …………………………………………………………… 217
7-6　ポンプの長期保管 ……………………………………………… 218

豆知識
　・圧力計の読み方 ……………………………………………………… 36
　・低比速度ポンプ用羽根車の一体鋳造は難しい ………………… 51
　・中子支え ……………………………………………………………… 75
　・ガスケットが押しつぶされたら ………………………………… 93
　・低価格で保守点検が容易なポンプ ……………………………… 127
　・ケーシングの肉厚計算 …………………………………………… 140
　・吊り上げ時のポイント …………………………………………… 165
　・ポンプの空気抜き ………………………………………………… 169

参考文献 ……………………………………………………………………… 220
索引 …………………………………………………………………………… 221

第1章

ポンプの基礎

　遠心ポンプについて、主なポンプを取りあげて種類と特徴を解説します。そして、ポンプで使用している記号、単位などを紹介し、圧力計の取付け位置による読みの違いについて図を使って説明します。それに加え、比速度や性能特性などポンプの基本について詳述します。

1-1 ● ポンプの種類と特徴

　国内では毎年 500 万台ものポンプが生産されていますが、一体これらのポンプはどこで使われているのでしょうか。電力、自動車、建設機械、鉄鋼、石油精製、石油化学、化学、食品、パルプ、医療など、国内外のほとんどの産業分野において、ポンプは、送液、循環、加圧用などとして日夜運転されています。しかし、日常生活の中でほとんど私たちの目に触れることはありません。ポンプは機器の中に組み込まれたり、配管の途中に設置されたり、あるいは地下に設置されているなどの理由から目立たない存在なのです。しかし、ポンプは各産業をしっかりと支えています。ここでは、国内外の産業分野において活躍している遠心ポンプについて、主なものを取りあげて種類と特徴を解説します。

（1）　渦巻ポンプ

　ポンプの中で最も数多く使用されているのが「渦巻ポンプ」です。ほとんどの産業分野で使用されています。このポンプは、材料、吐出し量、圧力などさまざまな仕様に適用できます。渦巻ポンプをここでは、汎用渦巻ポンプ、産業用渦巻ポンプおよび API 渦巻ポンプに分けて説明します。

　「汎用渦巻ポンプ」は**図 1-1** および**図 1-2** に示しますが、完全に標準化されているため低価格で、かつ短納期に対応できるようポンプメーカでは在庫しています。ポンプは極限まで肉厚を薄くして低価格になるように設計されています。低価格なこともあって、性能低下などの問題があったときに、修理して再使用するよりも新規のポンプに交換します。

　図 1-3 および**図 1-4** に示すのは「産業用渦巻ポンプ」です。各種産業に応える必要があるために、汎用渦巻ポンプとは異なり、少し頑丈なポンプです。長寿命も期待されるので、修理して再利用されます。また、ポンプメーカの多くは、購入者の特別な仕様にも対応しています。

「API 渦巻ポンプ」を**図 1-5** および**図 1-6** に示します。API 610 という世界で一番厳しい設計規格を適用したポンプです。また、購入者の仕様にも厳しさがありますが、ポンプメーカではそれに対応するために多くの手間をかけています。このポンプでは、最新の技術を適用するために、要素技術の開発が必要になることがあります。

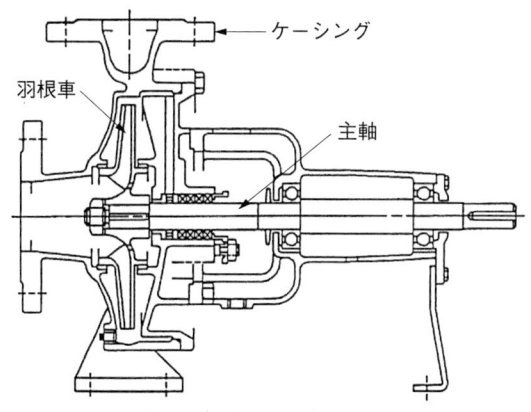

図 1-1　汎用渦巻ポンプ

図 1-2　汎用渦巻ポンプの外観

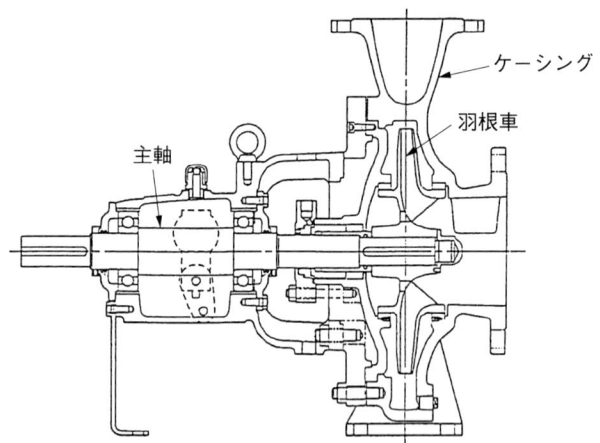

図 1-3 産業用渦巻ポンプ

図 1-4 産業用渦巻ポンプの外観

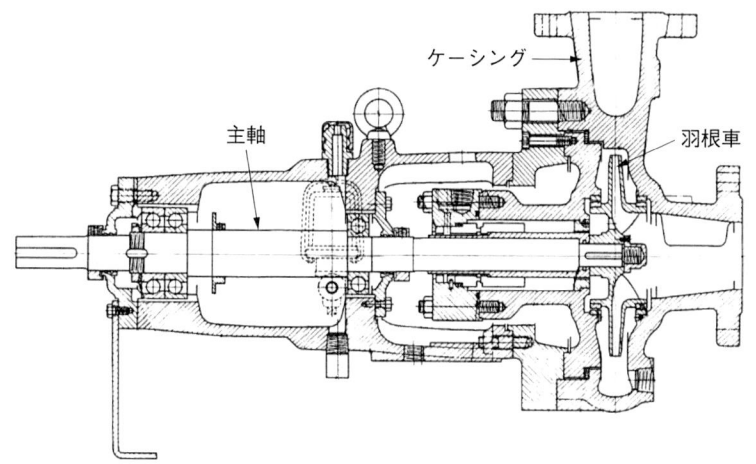

図 1-5　API 渦巻ポンプ

図 1-6　API 渦巻ポンプの外観

（２） 両吸込ポンプ

「両吸込ポンプ」も渦巻ポンプですが、**図 1-7** に示すように、羽根車が両吸込形をしていて、軸受が羽根車の両側にあるので、吐出し量の多い場合に適しています。ポンプのケーシングは**図 1-8** に示すように、軸中心で横水平に２つ割りになっているので、ポンプを分解するのが容易です。

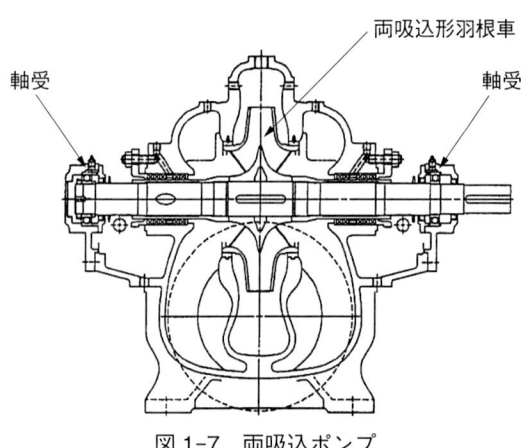

図 1-7　両吸込ポンプ

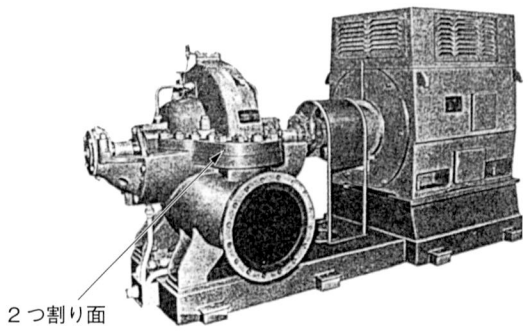

図 1-8　両吸込ポンプの外観

（3） 専用ポンプ

　専用に使用されるポンプとして、パルプポンプとスラリーポンプを紹介します。「パルプポンプ」は、紙の製造に使用されているのですが、段ボールのような古紙の再生にも使用されています。古紙の再生のとき、段ボールに止め金具として使われている銅片も一緒に混入するので、ケーシング自体が摩耗することを避けるために、図1-9に示すように羽根車の両側にサイドカバーという別部品をケーシング面に設けています。

　次頁に示した「スラリーポンプ」は、トンネル工事などで土砂が混じった排水などに使用されています。そのため、ポンプは激しく摩耗するので、できるだけ寿命を長くするために、材料を高クロム含有の硬いものにして、図1-10に示すように、接液部には突起などを設けず、できるだけ簡素な設計にしています。また、材料が硬いので、できるだけ加工を少なくするために、吸込ノズルおよび吐出しノズルのボルト穴は、図1-11に示すように加工ではなく「鋳抜き（いぬ）」にしています。

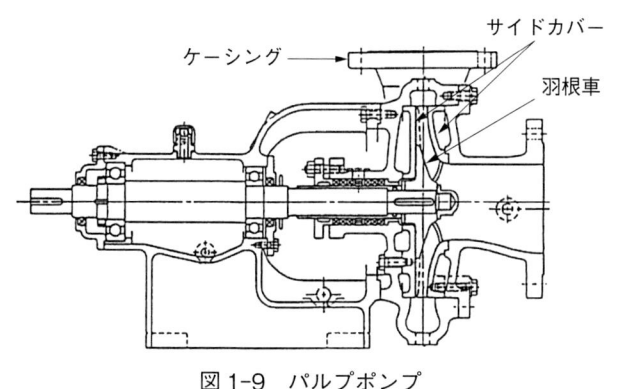

図1-9　パルプポンプ

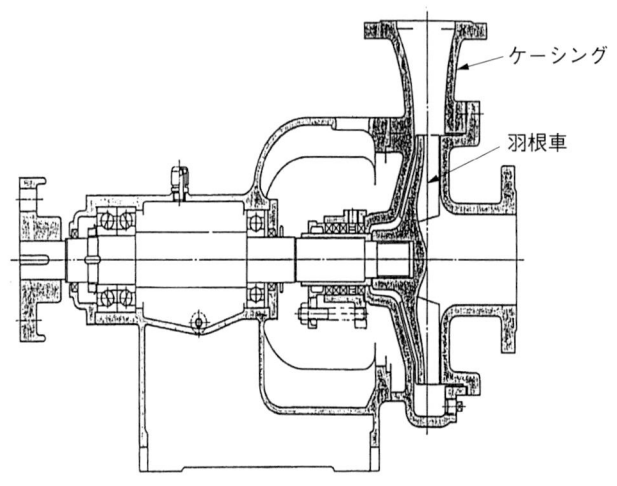

図 1-10　スラリーポンプ

鋳抜き

図 1-11　スラリーポンプの外観

（4）　シールレスポンプ

「シールレスポンプ」は、軸封のないポンプをいいます。軸封がないことによって完全に無漏洩を達成したポンプです。シールレスポンプには、キャンドモータポンプとマグネットポンプがあります。

「キャンドモータポンプ」は、図 1-12 および図 1-13 に示すように、ポンプとモータが1つの圧力容器の中に格納されています。モータは液中に漬かるために、回転子および固定子はキャンという薄肉円筒で覆わ

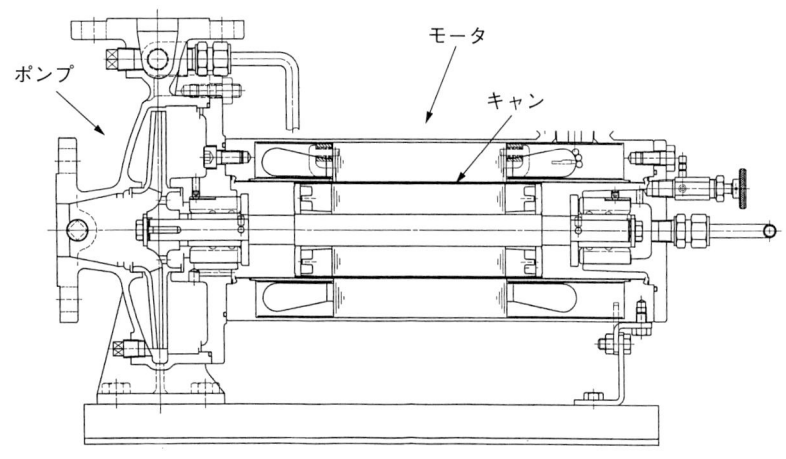

図1-12　キャンドモータポンプ

図1-13　キャンドモータポンプの外観

れて、キャン両端は液が浸入しないように溶接されています。完全に無漏洩のポンプなので、液体アンモニア、液化ガスなどの危険な液や可燃性の液のときに特に効果を発揮します。

「マグネットポンプ」は、羽根車にトルクを伝達する被動軸と駆動機からトルクを伝達する駆動軸の2本の主軸のものと、被動軸1本のものと2種類あります。図1-14および図1-15に示すものは、被動軸2本のものです。モータ軸に取り付けられたホルダの内周に「外輪」と称する永久磁石を配列します。そして、被動軸に取り付けられたホルダの外周には、「内輪」と称する永久磁石を配列し、その外周をキャンで覆います。モータが回転すると、それに追随して被動軸が回転します。お互いの永久磁石は、同極同士が反発し合い、異極同士が引き合うことによってトルクを伝達するのです。キャンドモータポンプと同様に、完全に無漏洩のポンプなので、漏れては問題になる取扱液のときに特に効果を発揮します。しかし、このポンプは永久磁石が相互に引き合う瞬間に主軸が急に動くので、分解および組立のときに治具などを使用し、けがをしないように注意する必要があります。

(5) 多段ポンプ

単段ポンプでは圧力が足りない場合、「多段ポンプ」を使用します。こ

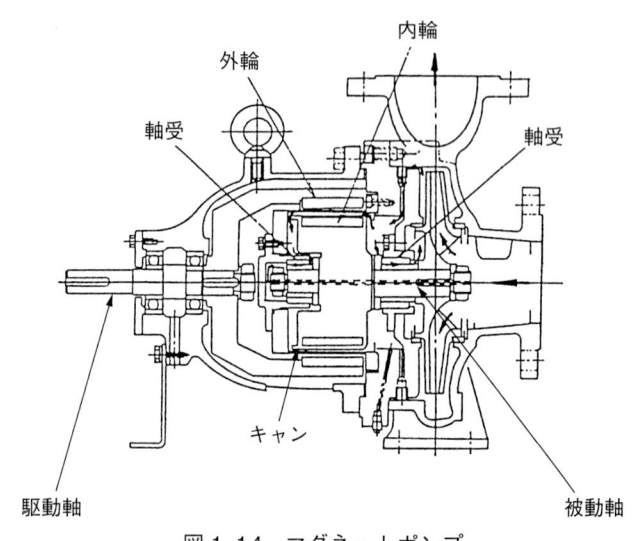

図1-14　マグネットポンプ

図 1-15　マグネットポンプの外観

こでは、輪切り多段ポンプ、水平割り多段ポンプおよび二重胴多段ポンプの3種類に分けて紹介します。

「輪切り多段ポンプ」は、**図 1-16** および **図 1-17** に示すように、各ケーシングが主軸と直角方向に割れていて、輪を重ね合わせた形になっています。そして、外側のボルトでこれらのケーシングを押さえています。

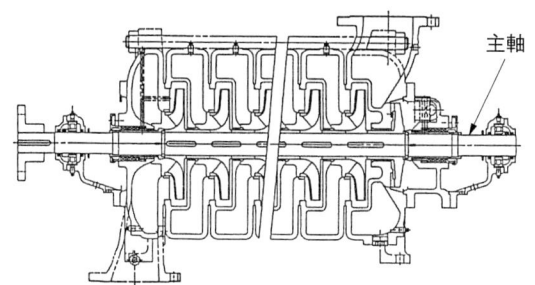

図 1-16　輪切り多段ポンプ

図 1-17　輪切り多段ポンプの外観

図 1-18 および図 1-19 に示すのは「水平割り多段ポンプ」です。ポンプのケーシングは、図 1-19 に示すように主軸中心で横水平に 2 つ割りになっているので、ポンプを分解するのが容易です。

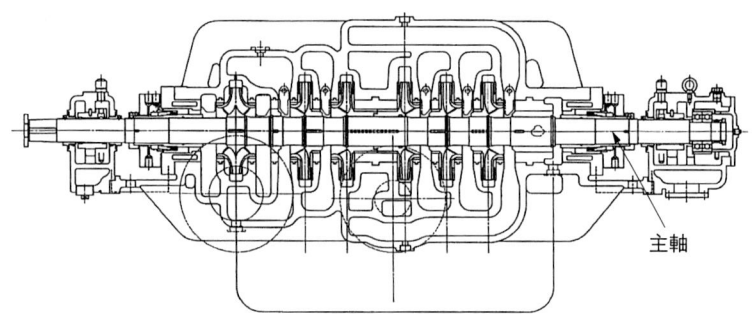

図 1-18 水平割り多段ポンプ

図 1-19 水平割り多段ポンプの外観

「二重胴多段ポンプ」は、図1-20に示すようにポンプの中に輪切り多段ポンプが格納されていて、その外側にさらに外胴があるので、二重胴多段ポンプと呼ばれています。また、ポンプの中に水平割り多段ポンプが格納される場合もあります。ポンプの外観は、図1-21に示すように外胴しか見えないので単純な円筒状になります。外胴があるために、仮に中のポンプから液が漏れても、ポンプの外に液が漏れる心配はありません。

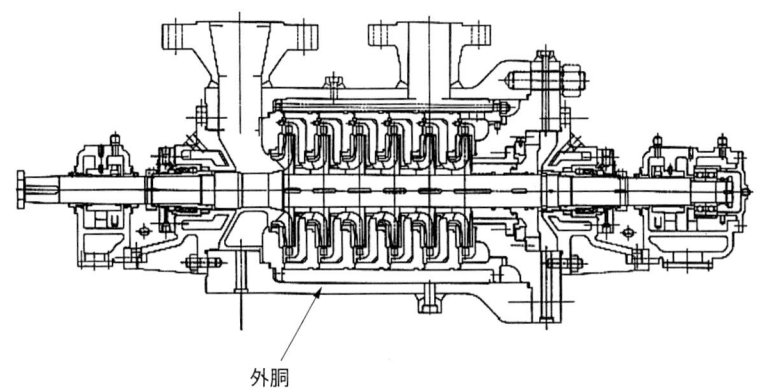

図 1-20　二重胴多段ポンプ

図 1-21　二重胴多段ポンプの外観

（6） 高比速度ポンプ

遠心形ポンプより比速度が大きいポンプを「高比速度ポンプ」と呼ぶことがあります。斜流ポンプおよび軸流ポンプが高比速度ポンプに該当します。

「斜流ポンプ」は、吐出し量が多いのですが、全揚程が低いので羽根車は**図 1-22** に示すように、主軸方向に対して斜めの流れになります。またポンプの外観は、**図 1-23** に示すように「ずんぐり」しています。

図 1-24 および**図 1-25** に示すのが「軸流ポンプ」です。液を主軸の方向に流すので、さほど全揚程が高くなく、羽根車の形状は家庭で使う扇風機の羽根のようになっています。

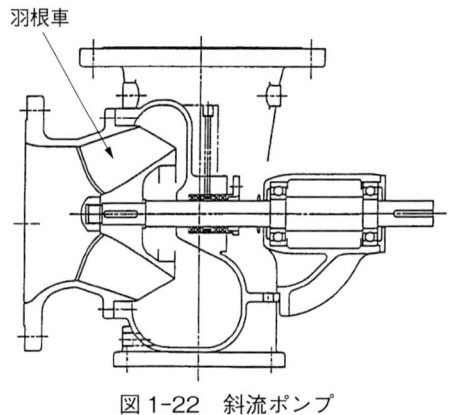

図 1-22　斜流ポンプ

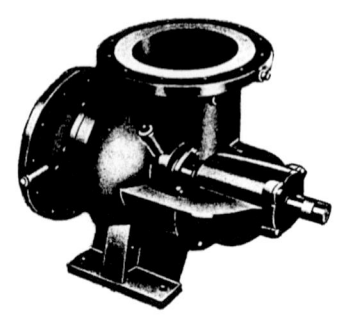

図 1-23　斜流ポンプの外観

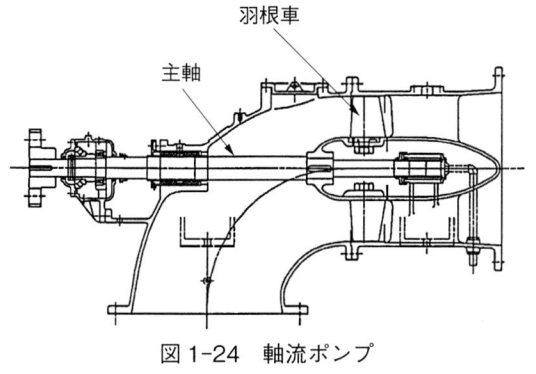

図 1-24 軸流ポンプ

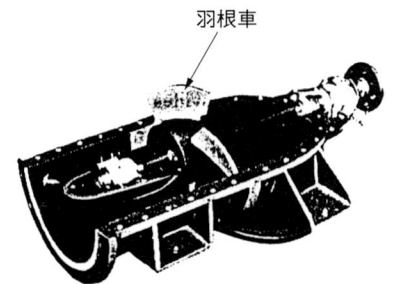

図 1-25 軸流ポンプの外観

（7） 立形ポンプ

　図 1-26 および図 1-27 に「立形単段ポンプ」を示します。羽根車は最下端にあります。そして、下部は液の中に埋没していて、液を真下から吸込み地上部の吐出し口から吐き出します。モータは最上部に取り付けられます。

　図 1-28 および図 1-29 に「立形多段ポンプ」を示します。吸込タンクは図示しませんが、地上部に設置され、ポンプの吸込ノズルも吐出しノズルも地上部にあります。モータが最上部に取り付けられるのは、立形単段ポンプと同じです。

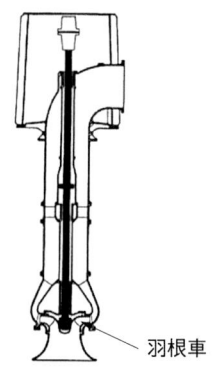
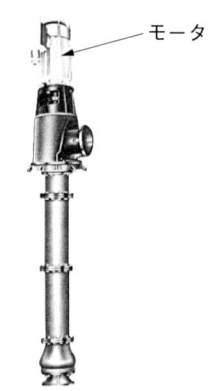

図 1-26　立形単段ポンプ　　　図 1-27　立形単段ポンプの外観

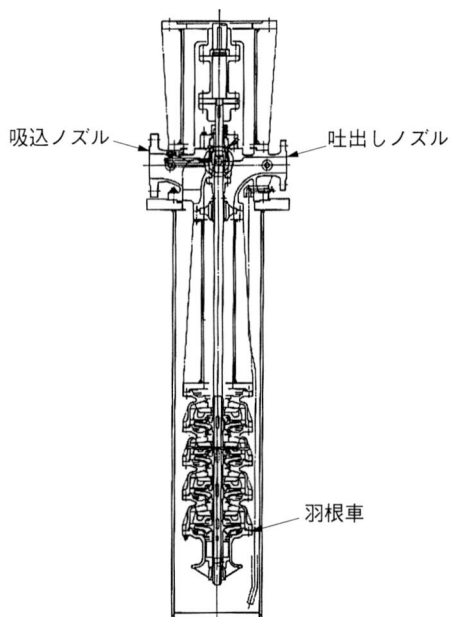

図 1-28　立形多段ポンプ　　　図 1-29　立形多段ポンプの外観

（8） 水中モータポンプ

「水中モータポンプ」は、モータとポンプが一体で液中に埋設されます。吸い込まれた液は、ポンプの吐出しノズルから配管を介して地上へ吐き出されます。

図 1-30 および図 1-31 に示すポンプは「深井戸用水中モータポンプ」と呼ばれ、地下水を汲み上げるときによく使用されています。このポンプを設置するためには、地中に井戸を掘る必要があります。そして、井戸径をできるだけ小さくするために、ポンプとモータの外径が小さくなるように設計されています。

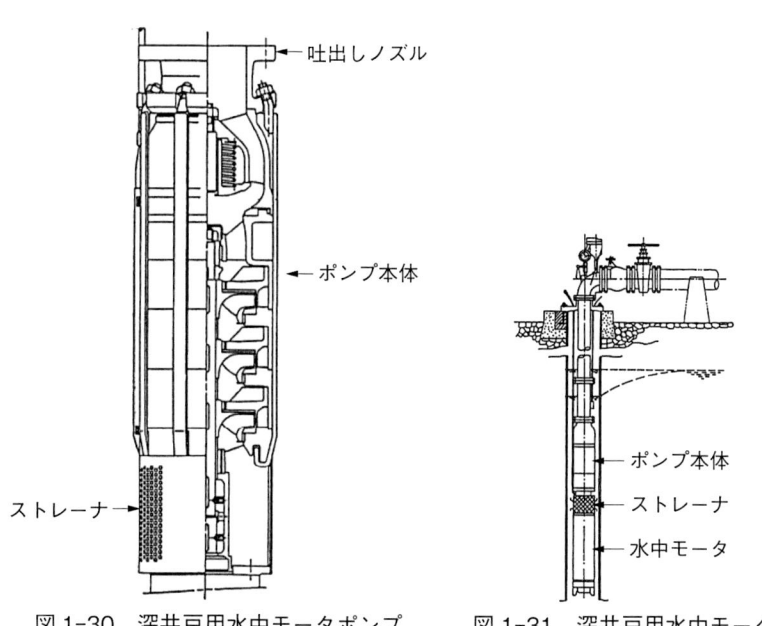

図 1-30　深井戸用水中モータポンプ　　図 1-31　深井戸用水中モータポンプの構造

図1-32および図1-33に示すポンプは「汚泥用水中モータポンプ」で、主に下水中継用に使用されるポンプです。

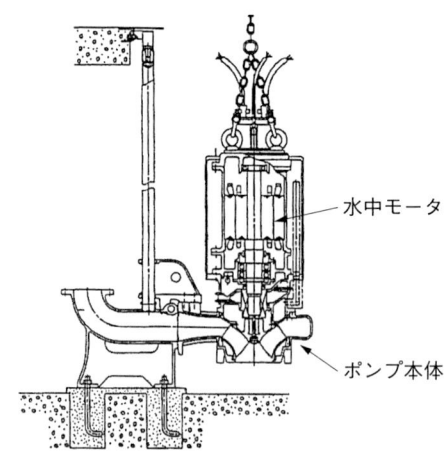

図1-32　汚泥用水中モータポンプ

図1-33　汚泥用水中モータポンプの外観

1-2 ● ポンプで使用する記号

　ポンプの特性や仕様を指定するときに、一般に使用されている用語の代りに、よく記号を使っています。記号はたとえばポンプの購入者とポンプメーカの設計者との間で、仕様などの連絡をし合うときに便利です。JIS B 0131 では、これらの記号を規格にしていますが、国際的な規格がないために、どれが正しいということはできません。

　ポンプの特性には、吐出し量、全揚程、効率、回転速度、NPSH3 などがあり、それぞれ次の記号を使用します。

　　　Q：吐出し量
　　　H：全揚程
　　　η：効率
　　　N：回転速度
　　　NPSH3：NPSH3

　これらの他に、特に海外では吐出し量は CAP.、全揚程は TH、効率は E、回転速度は RPM、NPSH3 は NPSHR などを使用していることもあります。また、回転速度は回転数といわれることもあります。

　仕様では、取扱液の特性として飽和蒸気圧力、密度、粘度などがあり、運転条件として液温、吸込圧力、規定吐出し量、規定全揚程、吐出し圧力、NPSHA などがあります。そして、それぞれ次の記号を使います。

　　　P_{vp}：飽和蒸気圧力
　　　ρ：密度
　　　ν：動粘度
　　　t：液温
　　　P_s：吸込圧力
　　　Q_r：規定吐出し量
　　　H_r：規定全揚程
　　　P_d：吐出し圧力

NPSHA：NPSHA

　これらの他に、飽和蒸気圧力は P_v、密度は γ、粘度は V_{vis}、液温は T、規定吐出し量は Q_{rated}、規定全揚程は H_{rated} などがあります。また密度は比重、動粘度は単に粘度ということもあります。

　これらの記号をまとめて**表 1-1** に示します。先に述べたように、規格で決められているわけではないので、記号が何を表しているのか確認して利用してください。特に海外の仕様書には見慣れない記号が多くあるので注意してください。また、日本国内で日本人同士が使用する場合には、表 1-1 に示す JIS B 0131 で規定している記号を使用するのがよいと考えています。

表 1-1　ポンプで使用する主な記号

	用語	一般的な記号	その他の記号	JIS B 0131
特性を表す記号	吐出し量	Q	CAP.	Q
	全揚程	H	TH、DIFFH	H
	効率	η	E、EFF.	η
	回転速度、(回転数)	N	RPM、R/M	n
	NPSH3	NPSH3	NPSHR、ReqNPSH	H_{sv}
仕様を表す記号	飽和蒸気圧力	P_{vp}	P_v、VAP.P.	P_v
	密度、(比重)	ρ	γ、SG	ρ
	動粘度、(粘度)	ν	V_{vis}	ν
	液温	t	T、LiqT	規定なし
	吸込圧力	P_s	SUC.P.	P_s
	規定吐出し量	Q_r	Q_{rated}、RATEDQ	Q_{sp}
	規定全揚程	H_r	H_{rated}、RATEDH	H_{sp}
	吐出し圧力	P_d	DIS.P.	P_d
	NPSHA	NPSHA	NPSHAv、AvNPSH	h_{sv}

1-3 ● 単位とその換算

　ポンプで使用する記号は、世界的な規格がないためにさまざまあります。ポンプで使用する単位は「SI単位」が世界的な単位ですが、実際には「CGS系単位」や「工学系単位」も多く使われています。しかし単位はさまざまあっても、相互に換算が可能なので、自分の好みの単位に換算しても同じ数量であることに変わりはありません。

　それではどのような単位が使われているのか、用語に対する単位を**表1-2**に示します。また、異なる単位同士の換算表を**表1-3**から**表1-5**に示します。

表 1-2　ポンプで使用する主な単位

用語	一般的な単位	その他の単位	SI 単位	JIS B 0131
吐出し量	m^3/h	m^3/min、ℓ/min、USGPM	m^3/s	m^3/s
全揚程	m	ft	m	m
効率	%		%	%
回転速度、(回転数)	rpm	min^{-1}	s^{-1}	1/s
NPSH3	m	ft	m	m
飽和蒸気圧力	kg/cm^2	bar、atm、kPa、MPa、mmH_2O、mmHg、torr	Pa	Pa
密度、(比重)	g/cm^3	kg/m^3	kg/m^3	kg/m^3
動粘度、(粘度)	cSt	cP、mm^2/s	m^2/s	m^2/s
液温	℃	°F	K	規定なし
吸込圧力	kg/cm^2	bar、kPa、MPa、PSI	Pa	Pa
吐出し圧力	kg/cm^2	bar、MPa、PSI	Pa	Pa
NPSHA	m	ft	m	m

ここで、これらの表からどのように換算するか、いくつか例をあげます。

【例1】 ポンプの要項を次のように指定されました。

吐出し量 $Q=1500\,\ell/\text{min}$、全揚程 $H=150\,\text{m}$、回転速度 $N=2970\,\text{rpm}$。ポンプメーカのポンプ選定図から、ポンプのサイズを確認したいのですが、回転速度 N は 2970 rpm、全揚程 H の単位は「m」、吐出し量の単位は「m^3/h」になっていました。

そのため、ここでは吐出し量 Q を換算する必要があります。吐出し量 Q について、表1-3の3段目から、$1\,\ell/\text{min}=0.06\,\text{m}^3/\text{h}$ です。したがって、吐出し量の単位を「ℓ/min」から「m^3/h」に換算するためには、

吐出し量 $Q=1500\times0.06=90\,\text{m}^3/\text{h}$

になります。

【例2】 ポンプの要項を次のように指定されました。

吐出し量 $Q=800\,\text{UGPM}$、全揚程 $H=250\,\text{ft}$、回転速度 $N=3560\,\text{rpm}$。

吐出し量 Q の単位を「m^3/min」、全揚程 H の単位を「m」に換算してみましょう。

表1-3の4段目から、吐出し量 Q について、$1\,\text{USGPM}=0.00378543\,\text{m}^3/\text{min}$ です。したがって、吐出し量の単位を「USGPM」から「m^3/min」に換算するためには、

吐出し量 $Q=800\times0.00378543=3.028\,\text{m}^3/\text{min}$

表1-3 単位の換算-吐出し量

m^3/h	m^3/min	ℓ/min	USGPM	m^3/s
1	0.0166667	16.6667	4.40285	0.000277778
60	1	1000	264.171	0.0166667
0.06	0.001	1	0.264171	0.0000166667
0.227126	0.00378543	3.78543	1	0.0000630905
3600	60	60000	15850.2	1

になります。

　次に全揚程 H です。単位を「ft」から「m」に換算します。表1-5を見てください。1行目に、「1 ft = 0.304801 m」とあるので、

　　　全揚程 $H = 250 × 0.304801 = 76.2$ m

になります。

　「USGPM」は「ユーエスガロンパーミニッツ」と読み、「米国の単位で gallons per minute」の意味です。

【例3】ポンプの圧力を次のように指定されました。

　　　吸込圧力 $P_s = 50$ kPaG、吐出し圧力 $P_d = 2.3$ MPaG。

　これらの圧力を単位「kg/cm²G」に換算してみましょう。

　表1-4の4段目および5段目から、圧力について、1 kPa = 0.0101972 kg/cm²、1 MPa = 10.1972 kg/cm² です。したがって、吸込圧力 P_s および吐出し圧力 P_d は、

　　　吸込圧力 $P_s = 50 × 0.0101972 = 0.51$ kg/cm²G

　　　吐出し圧力 $P_d = 2.3 × 10.1972 = 23.5$ kg/cm²G

になります。

【例4】液温を 100 °F と指定されました。

これは何℃になるのでしょうか。表1-5の中に、

　　　$t_C = 5/9 × (t_F - 32)$　　　t_C：℃、t_F：°F

とあります。したがって、

　　　$t_C = 5/9 × (100 - 32) = 37.8$ ℃

になります。

ポンプで使用する単位は「SI単位」が世界的な単位ですが、実際には「CGS系単位」や「工学系単位」も多く使われています。

表1-4 単位の換算-圧力

kg/cm²	bar	atm	kPa
1	0.980665	0.967841	98.0665
1.01972	1	0.986923	100
1.03323	1.01325	1	101.325
0.0101972	0.01	0.00986923	1
10.1972	10	9.86923	1000
0.0001	0.0000980665	0.0000967841	0.00980665
0.00135951	0.00133322	0.00131579	0.133322
0.0000101972	0.00001	0.00000986923	0.001
0.0703070	0.0689476	0.0680460	6.89476

MPa	mmH₂O	mmHg、torr	Pa	PSI
0.0980665	10000	735.559	98066.5	14.2233
0.1	10197.2	750.061	100000	14.5038
0.101325	10332.3	760	101325	14.6959
0.001	101.972	7.50061	1000	0.145038
1	101972	7500.61	1000000	145.038
0.00000980665	1	0.0735559	9.80665	0.00142233
0.000133322	13.5951	1	133.322	0.0193368
0.000001	0.101972	0.00750061	1	0.000145038
0.00689476	703.070	51.7149	6894.76	1

表1-5 単位の換算-その他

1 ft = 0.304801 m
1 rpm = 1 min⁻¹ = 0.0166667 s⁻¹ = 0.0166667 1/s
1 g/cm³ = 1000 kg/m³
1 cSt = 1 mm²/s = 0.000001 m²/s
1 cP = 0.001 Pa・s = 0.001 N・s/m²
1 kg・m = 7.233 LB・ft
1 kW = 101.972 kg・m/s = 0.238846 Kcal/s
$cSt = cP/\rho$ (g/cm³)
$t_C = 5/9 \times (t_F - 32)$ t_C：℃、t_F：℉
$t_C = t_K - 273.15$ t_C：℃、t_K：K

1-4 ● 圧力と圧力計の読み

　ポンプを設置して試運転のとき、ポンプが正規の圧力を出しているかどうか確認する必要があったり、使い始めて数年経過してポンプの圧力がどの程度低下しているかを確認したりすることがあります。この場合、ポンプの吸込圧力と吐出し圧力を測定すると、ある程度正規の性能に対する低下度合を推測できます。

　圧力を測定する際に、吸込側の圧力計と吐出し側の圧力計の中心が、図1-34に示すように取付け高さが同じ場合と、図1-35に示すように取付け高さが h_g だけ異なる場合、ポンプは同一の圧力を発生しているとすると、それぞれの「圧力計の読み」はどうなるでしょうか。

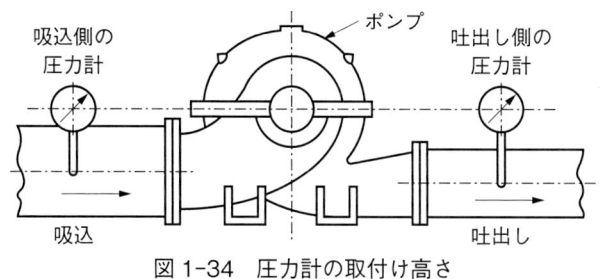

図1-34　圧力計の取付け高さ

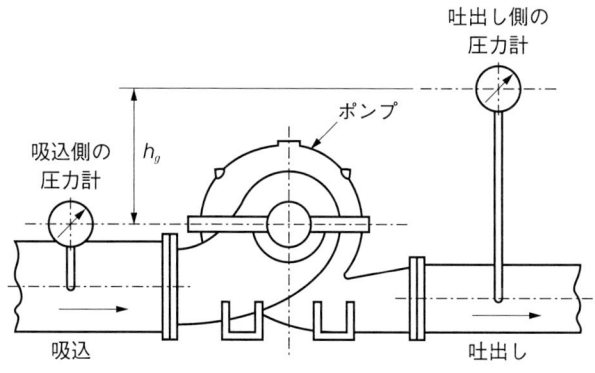

図1-35　圧力計の取付け高さが h_g だけ異なる場合

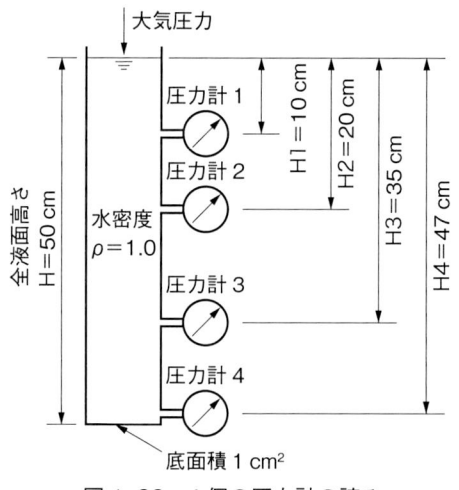

図 1-36　4個の圧力計の読み

　答えの前に、圧力計の高さが異なる場合の読みの違いを考えてみましょう。**図 1-36** に示すように、大気開放で内周の底面積が $1\,cm^2$ の円筒に水を入れ、全液面高さ $H=50\,cm$ とし、さらに高さの異なる位置に4個の圧力計を取り付けます。4個の圧力計はそれぞれ「圧力計1から4」とし、取り付ける高さを水面から下に「H1からH4」とし、$H1=10\,cm$、$H2=20\,cm$、$H3=35\,cm$、$H4=47\,cm$ とします。この状態において圧力計1から4の読みはどうなるでしょうか。

　圧力とは「単位面積に垂直方向に働く力」と定義されています。つまり、水の力すなわち水の質量を計算して底面積で割ると圧力が計算できるのです。水の密度 $\rho=1.0\,g/cm^3$ として、それぞれの圧力計の高さにおける水の質量を計算して**表 1-6** に示します。この質量が各圧力計の高さにおける断面に働き、圧力はその断面積 $1\,cm^2$ に作用するので、

　　（圧力 g/cm^2）＝（水の質量 g）÷（断面積 $1\,cm^2$）

となります。各圧力計の圧力も同表に示します。

　表 1-6 を見ると、水面からの高さが圧力になっていることがわかります。たとえば、圧力計1の深さは $10\,cm$ なので、圧力は $10\,g/cm^2$ にな

表1-6　圧力の計算

	圧力計1	圧力計2	圧力計3	圧力計4
水の質量（g）	10	20	35	47
圧力（g/cm^2）	10	20	35	47
圧力（kg/cm^2）	0.01	0.02	0.035	0.047

っています。圧力計1と圧力計2を比べると、圧力計2は圧力計1よりも10 cmだけ下になっていて、圧力も10 g/cm^{2}だけ高くなっています。逆にいうと、圧力計1は圧力計2よりも10 cmだけ高くなっていて、圧力も10 g/cm^{2}だけ低くなっています。つまり、圧力計の読みは、圧力計の取付け位置が上方になるほど低くなり、その読みは垂直高さ分だけ低くなるのです。

　ここでは、円筒内周の底面積を1 cm^{2}にしましたが、底面積はいくらでもよいのです。底面積が大きければ、水の質量も多くなりますが、圧力は断面積で割るので同じになるのです。

　次に図1-37をみてください。圧力計1と同じ高さに圧力計5を取り付けています。ただし、円筒からの取出し口は圧力計4と同じH4＝47 cmです。このとき、圧力計1と圧力計5の読みはどうなるでしょうか。圧力計5の枝管内には水が充満しています。結論をいうと、同じになります。つまり、圧力計の読みは、圧力計の取出し高さには無関係に、圧力計の高さによるのです。

　さて、最初の質問の答えです。図1-34および図1-35において、ポンプの運転点が変わらないとすれば、ポンプ吸込側の圧力計は両者で読みは同じになります。ポンプの発生する圧力も同じなので、図1-34の吐出し側の圧力計は吸込側の圧力計の読みに、ポンプの発生する圧力を加えた読みになります。一方、図1-35の吐出し側の圧力計の読みは、図1-34の吐出し側の圧力計の読みからhgを圧力に換算した値を引いた読みになります。

図 1-37　2 個の圧力計の読み

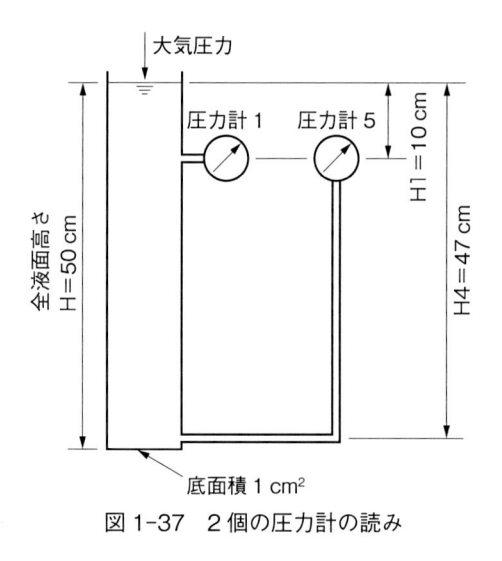

> **豆知識**
> ### 圧力計の読み方
>
> 　圧力計の読みについて説明しましたが、圧力計を取り付ける枝管内は、圧力計を取り付ける前に液で充満させます。枝管内に空気が入っているときは、圧力計の読みが変わります。空気の質量は水の質量に対して非常に小さいので、枝管に空気が入っているときの圧力計の読みは、液の入っている高さになります。たとえば、図 1-37 の圧力計 5 において、枝管内すべてに空気が充満しているとすれば、圧力計 5 の読みは取出し口の高さの圧力 0.047 kg/cm^2 になります。このとき、空気の圧力も 0.047 kg/cm^2 になります。

1-5 ● 比速度

（1） 比速度 Ns の意義

遠心ポンプにおいて、特性を表わすための値として、吐出し量、全揚程、効率、回転速度、NPSH3 などがあります。吐出し量、全揚程および回転速度の数値によって、ポンプの大きさや形状はいろいろと変わります。したがって、1つの特性数を用いて、ポンプの特性や形状を表すことができれば、性能評価、比例設計、性能予測などに利用でき、非常に便利になります。

そこで、ポンプの相似則から、比速度 Ns（次式）という特定数が導入されるようになりました。

$$Ns = \frac{N \cdot \sqrt{Q}}{H^{\frac{3}{4}}}$$

ここに、Q：吐出し量（m³/min）、H：全揚程（m）、N：回転速度（min⁻¹）であり、最高効率点の値を用います。

多段ポンプの場合には全揚程 H は1段当たりの全揚程、両吸込形羽根車の場合には吐出し量 Q を半分にして計算します。

（2） 比速度 Ns による羽根車の形状

図 1-38 に示す形状が異なる3種類の羽根車について、Ns がどうなるかを見てみましょう。

図 1-38 にある諸寸法を表 1-7 に示す記号として、羽根車を次のように設計します。

$\pi \cdot D2_A \cdot B2_A = \pi \cdot D2_B \cdot B2_B = \pi \cdot D2_C \cdot B2_C$

$DS_A = DS_B = DS_C$

$dn_A = dn_B = dn_C$

こうすることによって、最高効率点（BEP = Best Efficiency Point）の吐出し量 Q を同一にすることができ（厳密には Ns によって少し異なり

図 1-38 羽根車の形状

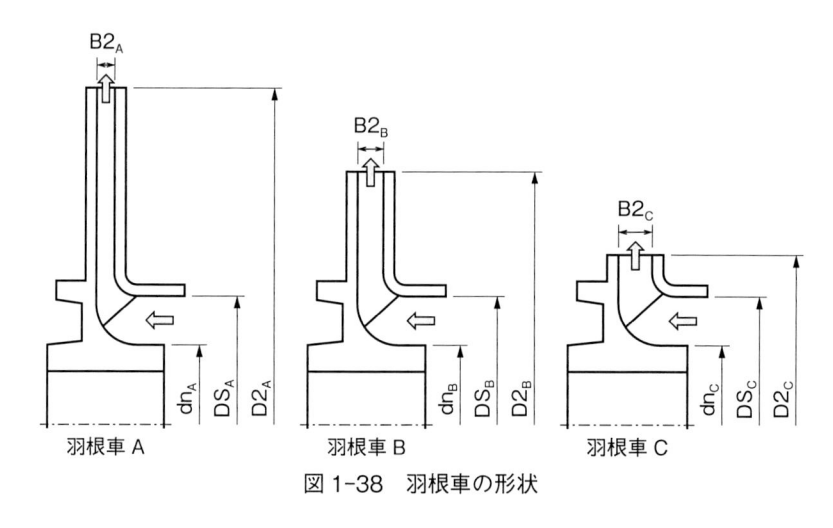

表 1-7 羽根車の諸寸法

羽根車	羽根車直径	出口幅	目玉外径	目玉内径
A	$D2_A$	$B2_A$	DS_A	dn_A
B	$D2_B$	$B2_B$	DS_B	dn_B
C	$D2_C$	$B2_C$	DS_C	dn_C

ます)、また全揚程 H は羽根車直径の2乗に比例するので、3種類のうち、いずれかの性能がわかっていれば、そのほかの性能は予想できます。

羽根車 A の寸法と性能を**表 1-8** の値として、かつ、羽根車 B と羽根車 C の羽根車直径と出口幅を表 1-8 の値で設計すると、同表のような性能が予想されます。そして、Ns を計算すると羽根車 A は 123、羽根車 B は 189、羽根車 C は 347 になります。

先に、厳密には吐出し量 Q は異なると記しました。その理由は次によります。

①ポンプの性能は、羽根車だけで決まるのではなく、ケーシングの設計によって変わる。

②羽根車の翼長さは Ns が大きいほど短くなる。

表 1-8　ポンプの性能

羽根車	羽根車直径(mm)	出口幅(mm)	Q @BEP (m^3/min)	H @BEP (m)	N (min^{-1})	Ns @BEP
A	240	7.5	1.167	77.0	2950	123
B	180	10	1.167	43.3	2950	189
C	120	15	1.167	19.3	2950	347

③体積効率が Ns によって変わる。

　さて、図 1-38 に示す羽根車の Ns が左から 123、189、347 になりましたが、**図 1-39** に Ns が 100 から 1500 の羽根車の形状を参考に示します。Ns によってポンプの形式を**図 1-40** にあるように、遠心、斜流および軸流に分けていうことがあります。そして、羽根車は**図 1-41** に示すような外観になります。

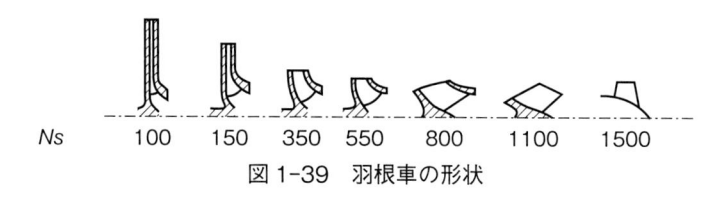

図 1-39　羽根車の形状

図 1-40　ポンプの形式

図 1-41　羽根車の外観

1-6 ● 吸込比速度

　ポンプの特性や形状を表す特性数に比速度 N_s がありますが、似たような特性数ですが、「吸込比速度 S」というものがあります。吸込比速度 S は、比速度 N_s とは違い、ポンプの吸込性能のよさを表す指標になります。

　吸込比速度 S は、**表 1-9** に示すように、最高効率点における回転速度 N、吐出し量 Q および NPSH3 で計算することができます。ここで重要なことは、吸込比速度 S はポンプの形式によらず、ほぼ一定の値になるということです。その値は S = 1200 から 1800 の間になります。このことから、表 1-9 に示すように NPSH3 を計算で想定することができるのです。S = 1200 から 1800 と幅があるのは、羽根車の入口の設計方法によるからです。効率をよくしたい場合には S = 1200 に近づき、多少の効率の低下を覚悟して吸込性能をよくしたいときには S = 1800 になるような

表 1-9　吸込比速度

$$S = \frac{N\sqrt{Q}}{\text{NPSH3}^{\frac{3}{4}}}$$

S：吸込比速度
N：回転速度（min^{-1}）
Q：吐出し量（m^3/min）、ただし両吸込形羽根車のときは 1/2 にする。
NPSH3：必要有効吸込ヘッド（m）
すべて最高効率点の数値を使用する。
上式を変形すると、

$$\text{NPSH3} = \left(\frac{N\sqrt{Q}}{S}\right)^{\frac{4}{3}}$$

設計も可能です。ある特定の用途に限って、吸込比速度Sを2000以上になるように設計することがあります。このような設計をすると、効率の低下をまねくので、一般的な設計ではありません。

NPSH3の計算式から、NPSH3について次のことがわかります。

①回転速度が高くなると増大する。
②吐出し量が増えると増大する。

吐出し量Qは、**図1-42**に示すような片吸込形羽根車の場合はそのままの吐出し量ですが、両吸込形羽根車の場合、吐出し量Qは羽根車の入口が2つあるので半分にして計算します。

2極を超えるような高速回転のポンプや吐出し量の多い大口径のポンプでは、NPSH3を小さくするために両吸込形羽根車を使用することがよくあります。このような多段ポンプでも、両吸込形羽根車は1段目だけになります。

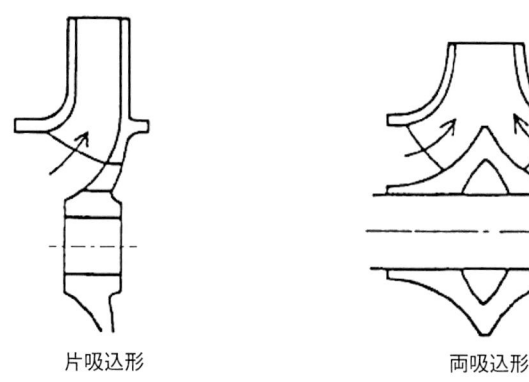

片吸込形　　　　　両吸込形
図1-42　羽根車の吸込形状

1-7 ● 吸込揚程

「このポンプは何m吸い上げられるか」ということが、話題になることがあります。図 1-43 に示す h_a が吸い上げることができる高さ、すなわち「吸込揚程」になります。それでは、どうやって知ることができるのでしょうか。それには、まずNPSHAとNPSH3のそれぞれの意味と両者の関係を理解する必要があります。

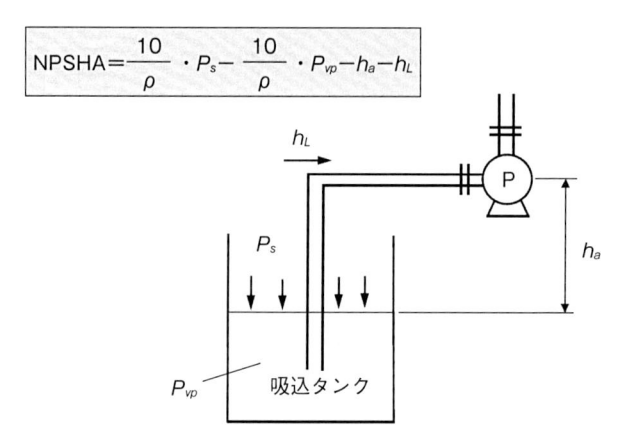

$$\mathrm{NPSHA} = \frac{10}{\rho} \cdot P_s - \frac{10}{\rho} \cdot P_{vp} - h_a - h_L$$

P_s：液面の圧力($kg/cm^2 a.$)
P_{vp}：液の飽和蒸気圧力($kg/cm^2 a.$)
h_a：液面とポンプ羽根車中心の高さ(m)
h_L：ポンプ羽根車入口までの圧力損失(m)
ρ：液の密度(g/cm^3)
　1 MPa=10.1972 kg/cm^2

図 1-43　ポンプの配置

（1）　NPSHA と NPSH3 の意味

NPSHA は、ポンプの羽根車入口直前の圧力が取扱液の飽和蒸気圧力に対して、どれだけ余裕をもっているかを表す圧力のことですが、NPSHA は単位をメートル（m）で表します。したがって、NPSHA は「ポンプの羽根車入口直前の圧力が、取扱液の飽和蒸気圧力に対して、ど

れだけ余裕をもっているかを表すヘッド」です。すなわち、「液のもっている吸込ヘッドから飽和蒸気圧力を引いたヘッド」と定義されます。NPSHAは、ポンプの吸込側の条件、すなわち吸込タンクが大気開放か密閉か、その吸込タンク内の液面高さ、吸込配管が長いか短いか、曲管が多いか少ないかなどによって決まります。NPSHAは一般には顧客側の設備設計者によって計算されて、ポンプメーカへ指示されます。

NPSH3は、ポンプが液を羽根車から吸い込んでいくために必要になる圧力ですが、NPSHAと同様に単位をメートル（m）で表すために、NPSH3は、「ポンプが液を羽根車から吸い込んでいくために必要になるヘッド」です。すなわち、「液が羽根車に入る直前の速度ヘッドと羽根車入口で起こる局部的な圧力低下の和」と定義されます。NPSH3は、羽根車の設計やポンプの吸込口の設計によって変わり、いわばポンプ固有のヘッドになります。

重要なことは、NPSHAもNPSH3も、絶対真空を0mとして表示している点です。

まとめると、

- NPSHAは吸込条件で決まるヘッド
- NPSH3はポンプ固有のヘッド

になります。

（2） NPSHAの計算

NPSHAの計算式を図1-43に示します。単位は「SI系」でなく「CGS系」になっているので、「SI系」の単位のときは、

$$1 \text{ MPa} = 10.1972 \text{ kg/cm}^2$$

を使って換算してください。

ここで、P_s、P_{VP}およびρがそれぞれ一定だとすれば、変化するのはh_Lだけです。もし液面の高さが変わるのであれば、液面とポンプ羽根車中心の高さh_aは液面が最高高さのときの値を使います。

ポンプ羽根車入口までの圧力損失h_Lは、吸込配管内の流速の2乗に比

例して増えるので、ポンプの吐出し量 Q の2乗に比例して増加します。したがって、h_L は $Q=0$ のときは0で、Q の2乗に比例します。そうすると NPSHA は h_L の2乗に比例して増加、つまり h_L の2乗に比例して低下します。**図 1-44** に示すように、NPSHA は吐出し量 $Q=0$ のときが最大で、Q の増加とともに2次曲線で低下します。

（3） NPSHA と NPSH3 の関係

ポンプがキャビテーションを起こさないで安全に運転されるためには、
$$\text{NPSHA} > \text{NPSH3}$$
という関係になることが必要です。図 1-44 で示す点 A が、理論的には運転可能な吐出し量の最大になります。これを超えて運転すればキャビテーションが発生します。しかし、実際には NPSHA の計算の不確かさ、吸込配管内面の経年変化、駆動機への電圧変動によるポンプ回転速度の変動などを考慮して一般には NPSHA に余裕をみます。具体的には、
$$\text{NPSHA} - \text{NPSH3} \geq 0.6\,\text{m} \quad \text{または} \quad \text{NPSHA} \geq 1.3 \times \text{NPSH3}$$
と購入者が指示することが少なくないです。

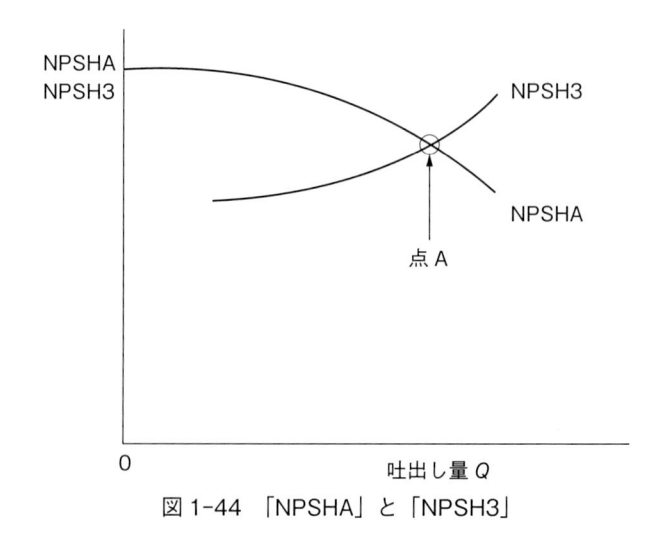

図 1-44 「NPSHA」と「NPSH3」

（4） NPSHAとNPSH3の具体例

さらに理解を深めるために、具体的な数値を使って説明します。図1-43において、吸込タンクの液は常温の水で液面は大気開放とします。そうすれば、

$P_s = 1\text{atm} = 1.03323 \text{ kg/cm}^2$

$P_{VP} = 0.02383 \text{ kg/cm}^2\text{a}$

$\rho = 1.0 \text{ g/cm}^3$

となります。次に吐出し量 $Q = 30 \text{ m}^3/\text{h}$ のときの

$h_a = 3 \text{ m}$

$h_L = 1.0 \text{ m}$

とします。ここで、吐出し量 $Q = 0 \text{ m}^3/\text{h}$ のときは、$h_L = 0 \text{ m}$ になります。

$\text{NPSHA} = 10 \times P_s/\rho - 10 \times P_{VP}/\rho - h_a - h_L$ の計算式から、吐出し量 $Q = 30 \text{ m}^3/\text{h}$ のときは、

$\text{NPSHA} = 10 \times 1.03323/1.0 - 10 \times 0.02383/1.0 - 3 - 1.0 = 6.09 \text{ m}$

になります。このとき、NPSH3 = 2.5 m とすれば、余裕は、

$\text{NPSHA} - \text{NPSH3} = 6.09 - 2.5 = 3.59 \text{ m}$

になります。したがって、まだ h_a をさらに大きくすることができます。余裕を0.6 mにすると、

$h_a = 3.59 - 0.6 + 3 = 5.99 \text{ m} \fallingdotseq 6.0 \text{ m}$

にすることができるのです。

つまり、この例の場合、吸込揚程は6 mになります。

> **チェックポイント**
> NPSH3は、ポンプが液を羽根車から吸い込んでいくために必要になる圧力ですが、NPSHAと同様に単位をメートル（m）で表すために、NPSH3は、「ポンプが液を羽根車から吸い込んでいくために必要になるヘッド」です。

1-8 ● ポンプの性能曲線の見方

ポンプの性能は、数値に加え曲線でも表示します。**図 1-45** に性能曲線の例を示します。ポンプメーカはどこでも、横軸に吐出し量（m³/min）をとり、立軸には全揚程、効率および軸動力の３つは必ず表示します。NPSH3 と電流は必要に応じて描きます。同図の左側に、全揚程（m）、効率（%）、軸動力（kW）を示していますが、目盛はそれぞれ異なるので、それぞれの目盛を書いています。

この例のポンプの定格点は、吐出し量が 7 m³/min、全揚程 26 m です。そこで、吐出し量が 7 m³/min の点から立方向に太い線を引いて、その線上で全揚程 26 m との交点に○印をつけて、ここが定格点という意味を表しています。そして、吐出し量が 7 m³/min の立方向の太い線と軸動力の 45 kW の交点にも○印を付けています。この点はモータの定格出力が 45 kW であることを示しています。吐出し量 7 m³/min を例にすると、吐出し量が 7 m³/min の立方向の線とそれぞれの交点を読むとポンプの性能がわかります。効率は 77 %、NPSH3 は 3.5 m、電流は約 150 A

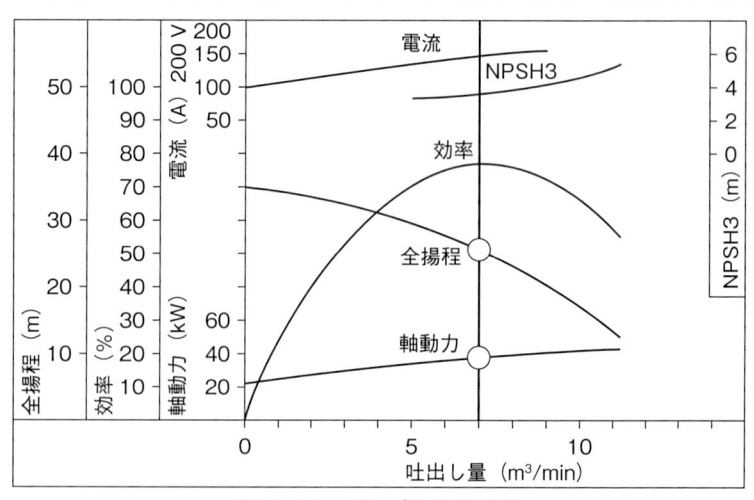

図 1-45 ポンプの性能曲線

になります。他の吐出し量の場合も同様です。

性能曲線には、もう1つ図1-46に示す「等効率曲線」と呼んでいるものがあります。特定のポンプの性能を知ることができます。同図において、横軸に吐出し量、立軸に全揚程、効率およびNPSH3が表示されています。吐出し量と全揚程の関係は右下がりの曲線で示されていて、それぞれの曲線の右端に「259 DIA.」「237 DIA.」および「207 DIA.」とあります。「259 DIA.」はそのポンプの羽根車の最大径、「237 DIA.」は中間径、「207 DIA.」は最小径のときの全揚程を示します。

効率は「259 DIA.」の全揚程の上に、「20, 30, 40, 45, … 66, 67, 66, 65, … 60」と示されている数字です。これらの最大の数字が「67」になっているので、最大径「259 DIA.」のときの最高効率は67 %、そのときの吐出し量は71 m^3/hになります。中間径「237 DIA.」では、最高効率は67 %、吐出し量は65.5 m^3/h、最小径「207 DIA.」では、2つの効率65 %の点から類推して、最高効率は65.3 %、吐出し量は57.5 m^3/hと読み取ることができます。全揚程の上に示された効率の曲線は、天気図でいう等圧曲線に似ているので、この図を「等効率曲線」と呼んでいるのです。

NPSH3の曲線はこの例では1本しかないので、羽根車径に無関係に吐出し量で決まります。

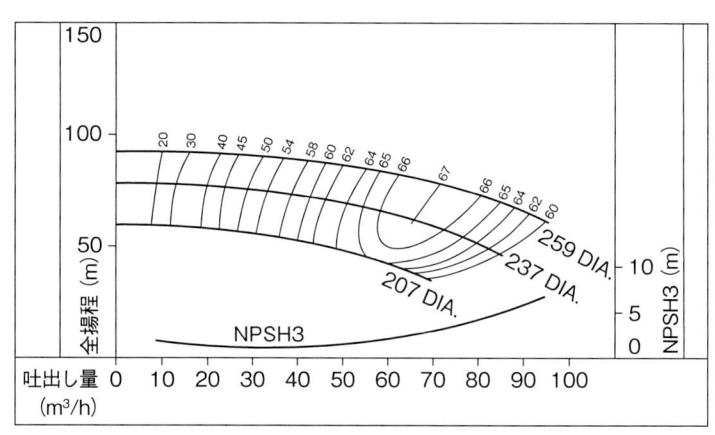

図1-46　等効率曲線

1-9 ● ポンプの性能特性

ポンプの特性には、吐出し量、全揚程、効率、回転速度、NPSH3 などがありますが、ここでは、吐出し量に対して全揚程、効率、軸動力および NPSH3 がどのような特性をもっているかを説明します。

まず、全揚程の特性です。**図 1-47** をみてください。N_s = 200、500、900 および 1500 の 4 種類の曲線がありますが、横軸は「吐出し量 Q (%)」、立軸は「全揚程 H (%)」と表示しています。一般には、吐出し量 Q は m^3/h など、全揚程 H は m などの単位になり%は使用しません。どのような吐出し量のポンプであっても、N_s によって全揚程の特性が想定できるようにするために、本図では、吐出し量 Q も全揚程 H も%で表示しています。図 1-47 において、吐出し量 Q = 100 % は最高効率点の吐出し量を示し、全揚程 H = 100 % は最高効率点の吐出し量における全

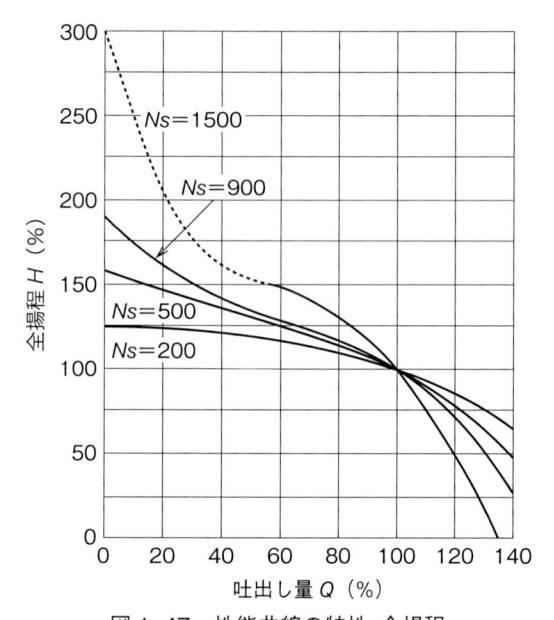

図 1-47　性能曲線の特性-全揚程

揚程にしています。

図 1-48 における効率と軸動力、および図 1-49 における NPSH3 も全揚程と同様に、吐出し量 $Q=100$ % は最高効率点の吐出し量を示し、最

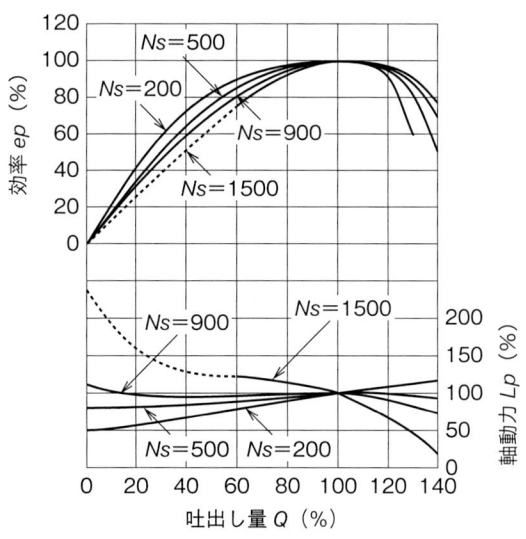

図 1-48　性能曲線の特性-効率と軸動力

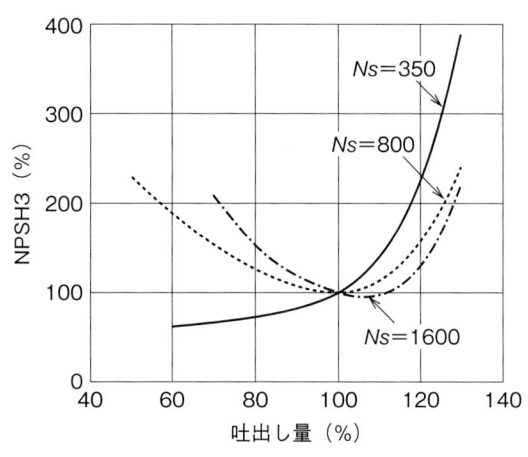

図 1-49　性能曲線の特性-NPSH3

高効率点の吐出し量における効率、軸動力および NPSH3 をそれぞれ 100 %にしています。

　ここで、理解しやすいように具体的に数値を使って説明します。今、吐出し量が 2.2 m³/min で全揚程が 60.9 m、回転速度が 2940 min⁻¹ の単段片吸込形羽根車のポンプが必要になったとします。吐出し量 2.2 m³/min が最高効率点であるとすると、N_s = 200 になるので、吐出し量 0 %、60 %、および 140 %の全揚程、効率および軸動力の比率は**表 1-10** に示す値に読み取ることができます。

　これらの値をそれぞれの単位に計算した結果を**表 1-11** にまとめて示します。そして性能曲線に表すと**図 1-50** のようになります。

表 1-10　性能曲線の特性の比率

吐出し量(%)	全揚程（%）	効率（%）	軸動力（%）
0	125	0	50
60	116	85	81
100	100	100	100
140	65	78	116

表 1-11　性能曲線の数値

吐出し量(%)	吐出し量(m³/min)	全揚程(m)	効率（%）	回転速度(min⁻¹)	軸動力(kW)
0	0.00	76.1	0.0	2940	16.1
60	1.32	70.6	57.8	2940	26.1
100	2.20	60.9	68.0	2940	32.2
140	3.08	39.6	53.0	2940	37.3

図 1-50　性能曲線

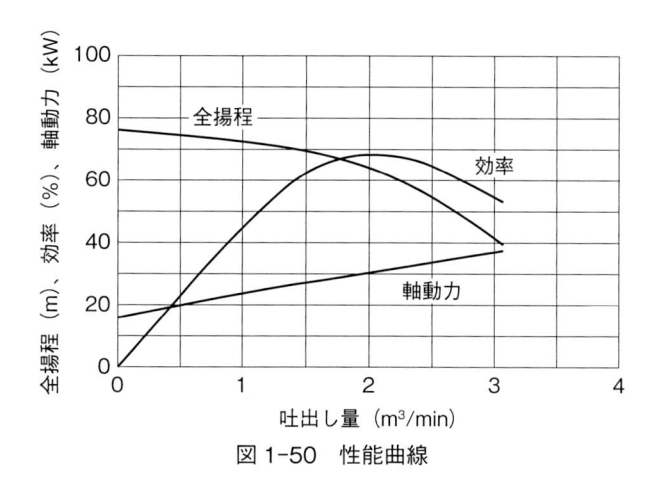

豆知識
低比速度ポンプ用羽根車の一体鋳造は難しい

　図1-39にある比速度 $Ns = 100$ のような直径が大きく出口幅が小さい羽根車にせざるをえない、いわゆる低比速度ポンプにおいては、効率が極端に低くなります。その理由として、低比速度ポンプでは、漏れ損失が大きい、円板摩擦損失が大きい、および羽根車の一体鋳造が難しいという問題があげられます。

　これらの問題を解決するために、樹脂材料のウェアリングまたは溶接形の羽根車で対応することがあります。ウェアリングに樹脂材料を使用すると、羽根車との半径すき間を一般的なすき間より小さくできるので、ウェアリング部からの環流量を低減して、効率を向上させることができます。溶接形の羽根車は、翼間の通液路をミーリング加工し、別に製作した側板を羽根車の翼に溶接してクローズド羽根車を一体に完成させます。これによって、寸法精度の向上、面粗さ悪化の解消および鋳造性の問題を解消できるので、同様に効率を向上させることができます。

1-10 ポンプの効率

（1） ポンプの予想効率

遠心ポンプの効率について規定している規格として、次の JIS 規格があります。

① JIS B 8313：小形渦巻ポンプ
② JIS B 8319：小形多段遠心ポンプ
③ JIS B 8322：両吸込渦巻ポンプ

JIS B 8313 および JIS B 8319 の効率を図 1-51 に、JIS B 8322 の効率を図 1-52 にそれぞれ示します。両図において、A 効率は最高効率点の効率をいい、B 効率は規定吐出し量の効率をいいます。そして、実際の運用に当たり、これらの効率以上にするように規定しています。

一方、世界に目を向けると、「Energy Research & Consultants Corporation」が世界中で使用されているポンプの効率を調査して発表しています。同社によると、ポンプの見積り時にどのぐらいの効率になる

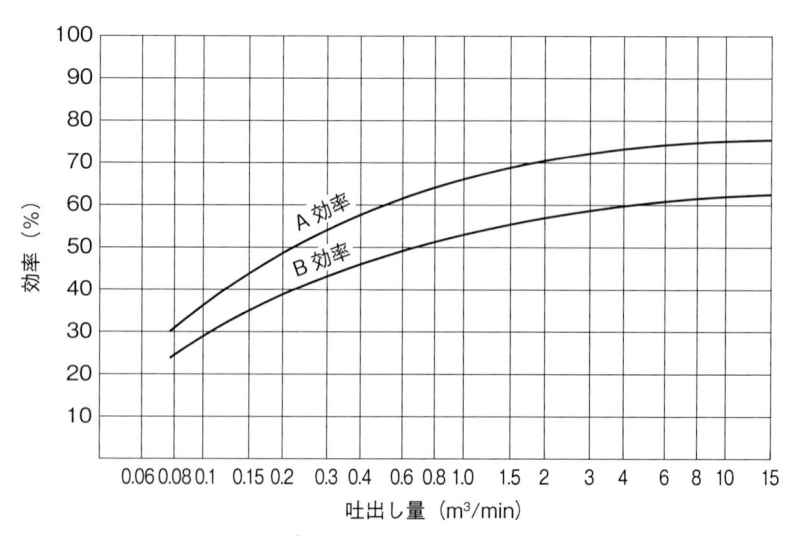

図 1-51　ポンプ効率-JIS B 8313 および JIS B 8319

かをあらかじめ推定する必要があったために、ポンプの形式別に調査して発表したのです。そして、さまざまある形式のうち API クリアランスにしたポンプの効率として、筆者は**図 1-53** に示す効率の図が適当であると考えています。そして、開発や見積りなどに利用しています。図 1-53 では、横軸に最高効率点の比速度 N_s、立軸に予想効率を示しています。そして、最高効率点の吐出し量ごとに予想効率を求めることができるようになっています。

JIS 規格の効率と「Energy Research & Consultants Corporation」の効率を比較すると、前者では比速度 N_s に無関係であるのに対し、後者は N_s によって変わるとしています。

JIS B 8313 の効率と「Energy Research & Consultants Corporation」の効率を、吐出し量 1.9 m³/min の点で、単純に比較してみると、**表 1-12** のようになります。同表によると、N_s が小さいほうでは JIS B 8313

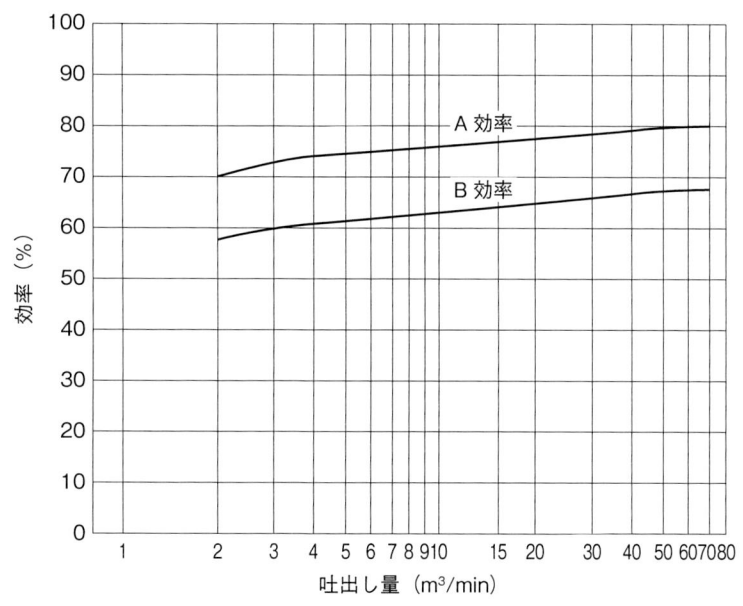

図 1-52　ポンプ効率-JIS B 8322

の効率が高く、N_s が大きい範囲では「Energy Research & Consultants Corporation」の効率がかなり高くなっていることがわかります。

　筆者の経験から、N_s によって効率が変わるという「Energy Research & Consultants Corporation」の効率の方が現実に合っていると実感しているのですが、だからといって JIS の効率が間違っているというわけではありません。JIS 規格に適合したポンプでは、N_s が小さいほうでは場合によって、ポンプメーカは購入に対してデビエーションを提出する必要があるかもしれません。購入者や使用者には、同じ吐出し量でも、ポンプの効率は比速度 N_s によって変わるということを記憶していただきたいと思います。

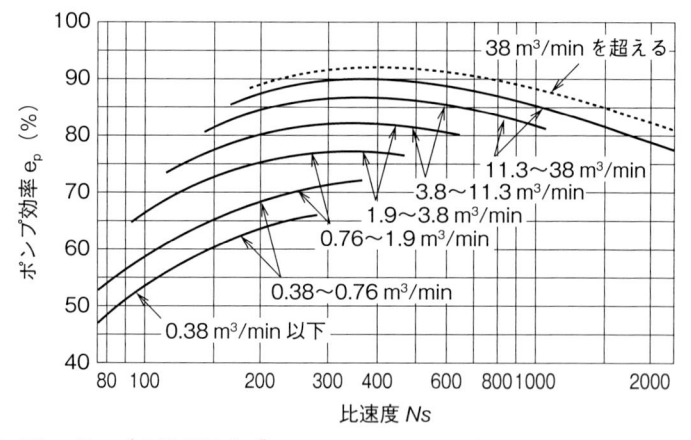

図 1-53　ポンプの予想効率-「Energy Research & Consultants Corporation」

表 1-12　ポンプの効率比較

	比速度 N_s			
	100	200	300	400
JIS B 8313 の効率（%）	71	71	71	71
「Energy Research & Consultants Corporation」の効率（%）	66	76	77.5	77

（2） 効率を決める要因

ポンプの効率は、言葉で表現すると「駆動機から得た入力」から「損失」を差し引いたものになります。損失には次のものがあります。

① 水力損失
　　・表面摩擦損失
　　・衝突損失
　　・拡大流損失
② 漏れ損失
③ 円板摩擦損失
④ 機械損失

ポンプの効率は結局のところ、損失が少ないほど高くなるのです。しかし、損失の多い少ないは実は比速度 N_s の影響を強く受けます。上記4つの損失割合を**図1-54**に示します。同図は横軸に比速度 N_s、立軸に各損失の入力に対する割合を示しています。N_s によって顕著に異なるのは、漏れ損失と円板摩擦損失です。他の2つの損失は一定です。つまり、吐出し量が小さく高圧のポンプほど効率が低くなります。したがって、ポンプの効率を評価するとき、単に効率の値だけをみるのではなく、N_s と吐出し量を考慮する必要があるのです。

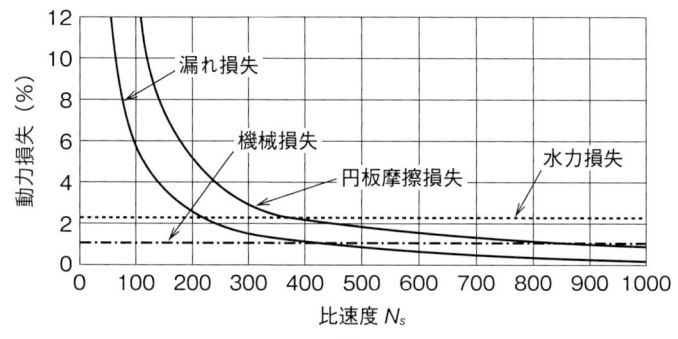

図1-54　諸損失の割合

（3） ポンプ効率とモータ入力との関係

駆動機がモータとして、ポンプの効率とモータ入力の関係を図 1-55 に示します。

モータへ入力された電力 M（kW）を 100 % とします。モータの損失が M の 10 % であるとすれば、残り 90 %（＝100－10）の電力 P_i がポンプに入力されます。

この電力 P_i を使って、ポンプが M の 60 % の仕事 P_P をしたとすれば、残りはポンプの損失（無効な仕事）となり、その損失は M の 30 %（＝100－10－60）になります。

このときのポンプ効率 η_P は、$\eta_P = P_P/P_i \times 100$（%）になります。
上記を具体的な数値で示すと、次のようになります。

① モータに 100 kW の入力があって、モータの効率が 90 % であるとすれば、ポンプへの入力 P_i ＝ 90 kW になる。
② ポンプの仕事 P_P ＝ 60 kW が使用されるとすれば、ポンプの損失は 30 kW になる。
③ ポンプ効率は η_P ＝ 60/90 × 100 ＝ 66.7（%）になる。

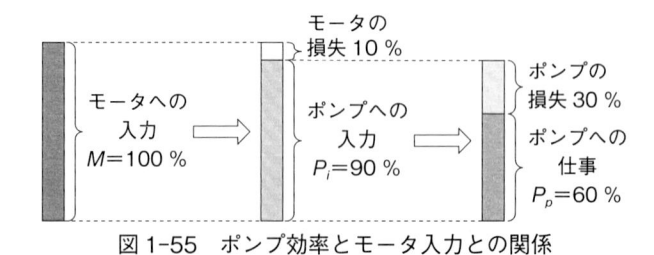

図 1-55　ポンプ効率とモータ入力との関係

1-11 ● ポンプの速度変化

　吐出し量を少なくしたい、吐出し圧力を下げたいなど何らかの事情によって、ポンプの性能を下げる必要があることがあります。ここでは、ポンプの回転速度を小さくして性能を下げる場合について、ポンプの性能を予測する方法を説明します。**表 1-13** に、回転速度を変えた場合に性能を予測するための換算式を示します。

　変数の記号は表 1-13 に示すとおりです。基本的には吐出し量は回転速度に比例し、全揚程は回転速度の二乗に比例します。そして、効率は同表に示す経験式で換算します。

表 1-13　ポンプの速度変化による性能

100 ％速度のポンプ性能：Q、H、N、η
速度変化したポンプ性能：Q_m、H_m、N_m、η_m

　　Q、Q_m：吐出し量
　　H、H_m：全揚程
　　N、N_m：回転速度
　　η、η_m：効率

換算式

$$Q_m = (N_m/N) \cdot Q$$
$$H_m = (N_m/N)^2 \cdot H$$
$$\eta_m = 1 - \frac{1-\eta}{\left(\dfrac{N_m}{N}\right)^{\frac{1}{5}}}$$

ここで実際に例を示します。**表 1-14** に示す 100 % の回転速度で運転されているポンプを、80 % の回転速度、$2940 \times 0.80 = 2352 \text{ min}^{-1}$ にしたときの性能を予想してみます。表 1-14 に示す No.6 が最高効率点で、吐出し量は $2.2 \text{ m}^3/\text{min}$、全揚程は 82.0 m、効率は 74.6 % です。

吐出し量は回転速度に比例し、全揚程は回転速度の 2 乗に比例するので、最高効率点における 80 % の回転速度の吐出し量および全揚程は、次のようになります。

　　　吐出し量 $= 2.2 \times 0.80 = 1.76 \text{ m}^3/\text{min}$

　　　全揚程 $= 82.0 \times 0.80^2 = 52.5 \text{ m}$

最高効率点の効率は表 1-13 に示す経験式で換算すると、

　　　効率 $= 1 - (1 - 0.746)/0.8^{1/5} = 0.734 = 73.4 \text{ %}$

になります。

最高効率点以外は、表 1-14 および **表 1-15** の No. ごとに示すように、吐出し量および全揚程は最高効率点の換算と同様です。しかし、効率については、100 % の回転速度での効率と 80 % の回転速度での効率低下係

表 1-14　100 % 回転速度のポンプ性能

No.	吐出し量 (%)	吐出し量 (m^3/min)	全揚程 (m)	効率 (%)	回転速度 (min^{-1})	軸動力 (kW)
1	0	0.00	96.8	0.0	2940	17.00
2	20	0.44	95.8	35.0	2940	19.68
3	40	0.88	94.7	56.5	2940	24.10
4	60	1.32	92.8	67.7	2940	29.57
5	80	1.76	88.4	72.7	2940	34.97
6	100	2.20	82.0	74.6	2940	39.51
7	120	2.64	71.5	71.7	2940	43.02

数で換算します。この効率換算係数は、
　　　効率換算係数＝73.4/74.6＝0.984
になります。
　このようにして換算した性能曲線を**図 1-56** に示します。

表 1-15　80％回転速度のポンプ性能

No.	回転速度の比	回転速度 (min⁻¹)	吐出し量 (m³/min)	全揚程 (m)	効率低下係数	効率 (％)	軸動力 (kW)
1	0.80	2352	0.000	62.0	0.984	0.0	9.00
2	0.80	2352	0.352	61.3	0.984	34.4	10.24
3	0.80	2352	0.704	60.6	0.984	55.6	12.54
4	0.80	2352	1.056	59.4	0.984	66.6	15.38
5	0.80	2352	1.408	56.6	0.984	71.5	18.20
6	0.80	2352	1.760	52.5	0.984	73.4	20.56
7	0.80	2352	2.112	45.8	0.984	70.6	22.38

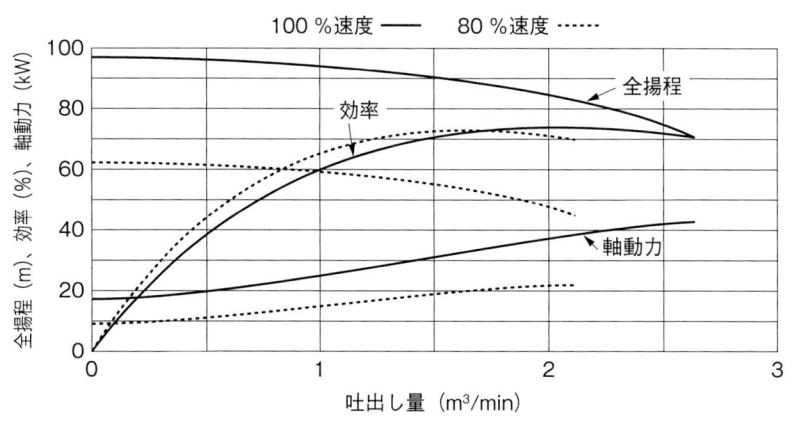

図 1-56　ポンプの速度変化による性能

1-12 ● ポンプの口径

　ポンプの吸込口と吐出し口の大きさは、設計規格にしたがって設計しその規格の中に口径の規定がある場合を除き、ポンプメーカが独自に決めています。口径を決める時に参考になるのが「ISO 2858」で、1975年に制定された設計規格です。ポンプの寸法、吐出し量と全揚程の標準要目などが規定されています。ポンプの世界的な設計規格としてははじめてのもので、画期的だと周囲の関係者が当時感激していたのを覚えています。ポンプの設計規格 JIS B 8313 は、この規格を参考にして改正されています。

　ここで、「ISO 2858」で規定している吸込口径および吐出し口径をみてみましょう。**表 1-16** にこの規格の抜粋を示します。1450 min^{-1} および 2950 min^{-1} の回転速度に対して、それぞれ口径および吐出し量を同表のように規定しています。回転速度 2950 min^{-1} の吐出し量は 1450 min^{-1} の吐出し量の2倍になっています。これは 1450 min^{-1} および 2950 min^{-1} のポンプは同じポンプを使用することを前提にしているのです。

　吸込口径は吸込流速によって決められているかと筆者は考え、この規格による吸込流速を計算し、表 1-16 および **図 1-57** に示します。同表および同図から、
①吸込流速が一定になるように吸込口径を決めているのではない。
② 2950 min^{-1} の吸込流速は 1450 min^{-1} の吸込流速の2倍である。
③吸込口径が大きいほど吸込流速は大きい。
ことがわかります。

　また、吐出し流速は表 1-16 に示すように、吸込流速と同様のことがいえるのですが、いずれの口径でも吐出し流速は吸込流速よりも大きくなっています。したがって、適用している規格で口径の規定があるポンプでは適用規格の口径に合わせるのですが、適用規格に口径が規定されていなければ、ポンプメーカは独自に口径を決めます。

表1-16 「ISO 2858」で規定している口径

吸込口径 (mm)	吐出し口径 (mm)	吐出し量 (m³/h)	
		1450 min⁻¹	2950 min⁻¹
50	32	6.3	12.5
65	40	12.5	25
80	50	25	50
100	65	50	100
125	100	125	250
150	125	200	—
200	150	400	—

吸込口流速 (m/s)		吐出し口流速 (m/s)	
1450 min⁻¹	2950 min⁻¹	1450 min⁻¹	2950 min⁻¹
0.89	1.77	2.18	4.32
1.05	2.09	2.76	5.53
1.38	2.76	3.54	7.07
1.77	3.54	4.19	8.37
2.83	5.66	4.42	8.84
3.14	—	4.53	—
3.54	—	6.29	—

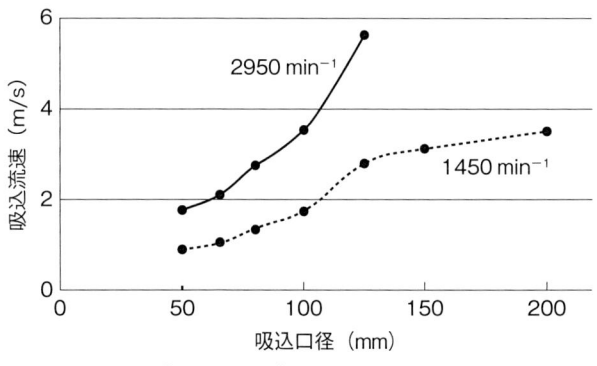

図1-57 「ISO 2858」で規定している吸込流速

1-13 ● ポンプの選定

　ポンプが必要なとき、どのようなポンプを選定するのがよいのでしょうか。用途や使用年数などによって、当然選定するポンプは変わります。たとえば、水が出れば何でもいい場合は価格が安いポンプ、故障すると生産に支障が出る場合は信頼性の高いポンプになると思います。ポンプを選定する際に考慮する必要があると思われる項目を**図1-58**に参考として示します。それぞれの目的に合わせて選定するのが最善です。

　API 610の規格の中に、目安として、次のいずれか1つでも超える場合にAPI 610を適用すると、コストに見合う効果が期待できるとあります。

① 吐出し圧力：19 bar
② 吸込圧力　：5 bar
③ 取扱液温　：150 ℃
④ 回転速度　：3600 min^{-1}
⑤ 全揚程　　：120 m
⑥ 羽根車直径（片持ポンプに限り）：330 mm

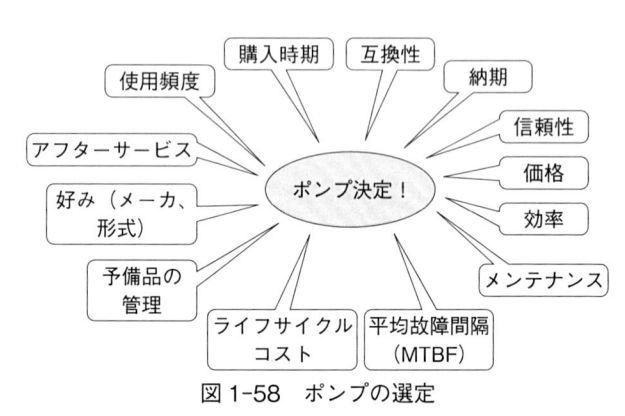

図1-58　ポンプの選定

1-14 ● 見積りから発注まで

ポンプの見積りから発注までの流れは次のようになります。

（1） 引合い

エンジニアリング会社などの発注者は、あるプラント建設のために必要になるポンプについて、ポンプ仕様書をつけて、ポンプメーカ数社へ見積りを依頼します。ポンプにはそれぞれ「ITEM No.」という固有の番号が付いていて、人でいうと名前に該当します。仕様書にあるポンプの台数は、少ないときは数台、多いときには100台を超えることがあります。ポンプメーカは1週間ほどで見積り書を提出します。見積り書には、ポンプの性能曲線、外形図、断面図、デビエーションリスト、納入実績表、価格、納期などを含みます。デビエーションリストは仕様書に対してすべて適用することができれば提出しません。納入実績表も発注者から要求がなければ提出しません。

（2） 価格交渉（ネゴシエーション）

見積り書を入手した発注者は、価格、納期、効率、信頼性、メンテナンス性、互換性、購入者の意向などを考慮して、3社ほどのポンプメーカを暫定的に決めて価格交渉をします。

（3） 発　注

厳しい価格交渉の結果、一般には、ポンプの価格が低いメーカが受注します。そして、正式に発注になります。

第2章

ポンプの構成部品と役割

　遠心ポンプの構成部品には、ケーシング、羽根車、主軸、軸受、軸封の主要部品の他に、ライナリング、インペラリング、ケーシングガスケット、空気抜きなどの小物部品があります。また、それぞれの部品は用途によって形状などが異なります。

遠心ポンプの主要な構成部品は、ケーシング、羽根車、主軸、軸受および軸封です。ポンプではまず、駆動機から軸継手を介して主軸にトルクを伝え、羽根車は主軸に一体で取り付けられているので、そのトルクを得て回転します。そして、ポンプの吸込口から液を取り込んで羽根車で液に遠心力を与えることによって、液はケーシングを通過した後に十分に圧力を発生させることができるのです。主軸を支えるために、軸受が必要になります。また、主軸はケーシングを貫通しているので、その間を液ができるだけ漏れないようにするために軸封を設けています。軸封はシールとも呼ばれています。

　その他の構成部品として、**図 2-1** に示すように、ライナリング、インペラリング、ケーシングガスケットなどがあります。構成部品の役割を「あいうえお順」にまとめて**表 2-1** に示します。それでは、それぞれの構成部品の役割を詳しくみていきましょう。

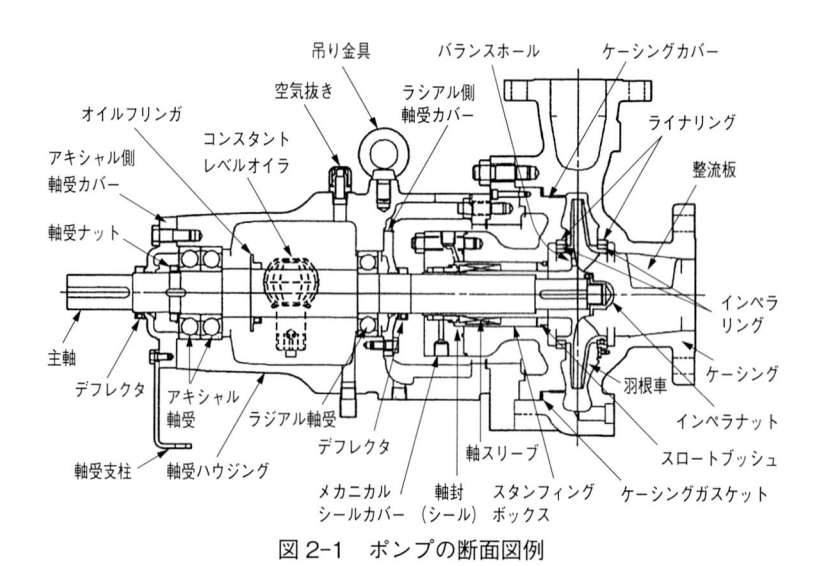

図 2-1　ポンプの断面図例

表 2-1　構成部品と役割

部品名	役割
アキシャル側軸受カバー	軸受ハウジングの端のうち、スラスト軸受側に取り付けられるカバー。軸受用シールを格納し、潤滑油の漏れを最小限にしたり、外部からの異物の侵入を防ぐ。
アキシャル軸受	主軸および軸受ハウジングに取り付けられる。アキシャル方向およびラジアル方向の荷重を支える。
インペラナット	羽根車を主軸に固定するためのナット。軸方向に羽根車が動くのを拘束する。
インペラリング	ライナリングの内周と狭いすき間を形成するために羽根車に取り付けるリング。還流量を少なくして効率低下を抑える。
オイルフリンガ	主軸に固定されたリング。軸受ハウジング内下部にある潤滑油を掻き揚げて積極的に軸受へ給油する。
空気抜き	軸受ハウジング内の空気を逃すための部品。軸受ハウジング内圧力が大気圧以上になるので、潤滑油漏れを防止する。
ケーシング	ポンプ取扱液の流路を形成する。吸込口と吐出し口をもっている。
ケーシングガスケット	リング状の部品でケーシングカバーとの間でボルトによって抑え込まれる。ケーシングからポンプ取扱液が漏れるのを防止する。
ケーシングカバー	ケーシングの開口部を覆うカバー。
コンスタントレベルオイラ	軸受ハウジング内の潤滑油が漏れたときに、常に漏れた量だけ潤滑油を自動的に補給する。
軸受支柱	ポンプ全体の剛性を高めるための板。
軸受ナット	軸受を主軸に固定するためのナット。回り止めになる座金とともに使用する。
軸受ハウジング	軸受を格納し、ケーシングなどに固定される。
軸スリーブ	主軸の軸封部外周を覆う円筒。主軸の摩耗を回避する。
軸封（シール）	軸貫通部に設けられる部品。液が外部へ漏れる量を少なくしたり、外部から空気が混入するのを防止する。
スタフィングボックス	ケーシングカバーの内周部に設けられた空間。軸封が配置される。
主軸	羽根車などの回転部品に駆動機から与えられるトルクを伝達する。
スロートブッシュ	ケーシングカバーの内周部に固定される。フラッシング液がスタフィングボックス内で少し留まるようにする。
整流板	ケーシングの吸込側にケーシングと一体で設けられる。羽根車入口直前のら旋流を軸方向の流れに変える。
吊り金具	軸受ハウジングの上部に取り付けられる。ポンプの分解および組立のときに使用する。
デフレクタ	主軸に一体に取り付ける。潤滑油の漏れを最小限にしたり、外部からの異物の侵入を防いだりする。
羽根車	主軸に固定された回転体。ポンプ取扱液にエネルギーを与える。
バランスホール	羽根車の主板に開けた穴。羽根車が発生する軸方向の推力を軽減する。
メカニカルシールカバー	メカニカルシールの固定環を格納し、フラッシング用穴などを設けている。
ライナリング	インペラリングの外周と狭いすき間を形成するために、ケーシングに取り付けるリング。
ラジアル側軸受カバー	軸受ハウジングの端のうち、ラジアル軸受側に取り付けられるカバー。軸受用シールを格納し、潤滑油の漏れを最小限にしたり、外部からの異物の侵入を防ぐ。
ラジアル軸受	主軸および軸受ハウジングに取り付けられる。ラジアル方向の荷重を支える。

第2章 ● ポンプの構成部品と役割

2-1 ● ケーシング

「ケーシング」には吸込口および吐出し口があり、吸込口から液を取り込み、吐出し口から液を送り出す役割があります。ケーシング内に羽根車が配置されて、羽根車によって遠心力を与えられた液を効率よく吐き出すために、ケーシングの通液路は特別な形状になります。

主な形状としては、シングルボリュート、ダブルボリュート、ディフューザの3種類あります。シングルボリュートは、**図2-2**に示すように、羽根車の外周に通液路が「かたつむり」のようなボリュートが1個あります。ダブルボリュートは**図2-3**に示すように、羽根車の外周にボリュートが2個あり、180°対称の位置になっています。ディフューザは、**図2-4**に示すように羽根車の外周に通液路がたくさんあります。その数は「羽根車の翼数±1」にするのが一般的です。

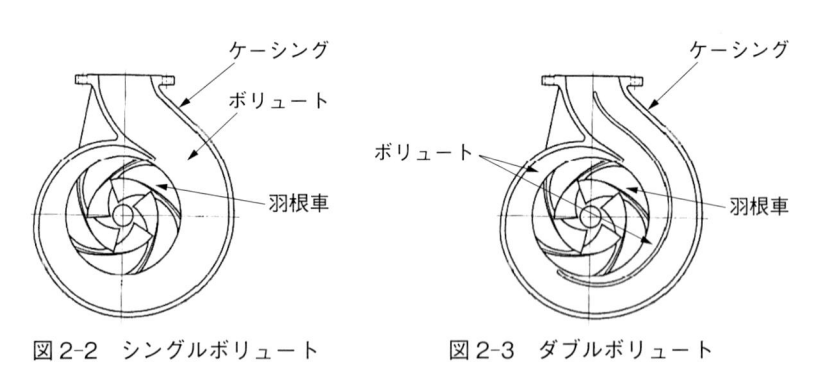

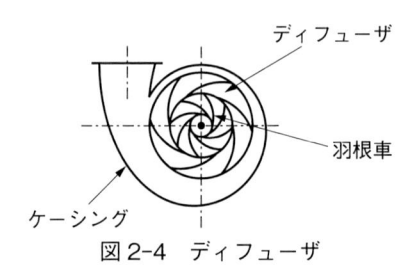

図2-2　シングルボリュート　　図2-3　ダブルボリュート

図2-4　ディフューザ

これら3種類のケーシングの通液路の特徴を**表2-2**にまとめて示します。これらの適用については、単段ポンプで口径が小さい範囲はシングルボリュート、単段ポンプでも口径が大きくなるとダブルボリュート、多段ポンプではディフューザです。最大の理由は羽根車の半径方向に作用するラジアルスラストの低減にあります。

　ラジアルスラストは、**表2-3**に示す計算式で計算することができます。ラジアルスラストFは、液の密度ρ、全揚程H、羽根車直径D_2、羽根車出口の全幅Bに比例します。つまり、全揚程および吐出し量が大きくなればなるほど、ラジアルスラストFが大きくなります。また、ラジアルスラストFは、スラスト係数Kにも比例します。

表2-2　ケーシングの構造と特徴

形式	構造	特徴
シングルボリュート	1つの通液路	広範囲の運転点で効率が良い。
ダブルボリュート	2つの通液路	広範囲の運転点で効率が良いが、シングルボリュートよりは劣る。
ディフューザ	たくさんの通液路	ディフューザの外側にボリュートがある。効率が良い範囲は狭い。

表2-3　ラジアルスラスト

ラジアルスラストF

$$F = K \cdot \rho \cdot H \cdot D_2 \cdot B$$

ここに、
　　　K：スラスト係数
　　　ρ：液の密度
　　　H：全揚程
　　　D_2：羽根車直径
　　　B：羽根車出口の全幅

表 2-4　スラスト係数

> スラスト係数：K
> (1) ステパノフによる K
> $$K_{(S)} = 0.36 \cdot \{1 - (Q_{rated}/Q_{BEP})^2\}$$
> (2) HIS（米国水力協会の規定）による K
> $$K_{(HIS)} = K_{SO(HIS)} \cdot \{1 - (Q_{rated}/Q_{BEP})^2\}$$
> Q_{rated}：計算する点の吐出し量
> Q_{BEP}：最高効率点の吐出し量
>
> | Ns | $K_{SO(HIS)}$ |
> |---|---|
> | 140 | 0.260 |
> | 200 | 0.300 |
> | 280 | 0.342 |
> | 400 | 0.373 |

　それでは、スラスト係数 K はどうなるのでしょうか。**表2-4**にシングルボリュートの場合のスラスト係数 K を示します。同表にあるように、スラスト係数 K は2種類提唱されています。ステパノフによるスラスト係数 $K_{(S)}$ および HIS による係数 $K_{(HIS)}$ です。どちらもポンプの運転点によって変わるのですが、**図2-5**に示すように、最高効率点の吐出し量 Q_{BEP} のとき0になり、吐出し量が小さくなるにしたがって大きくなります。そして、吐出し量が0で最大になります。

　次に、ダブルボリュートのときのラジアルスラストです。ダブルボリュートはボリュートを2つにして180°対称にし、両者のボリュートでラジアルスラストをつり合わせることを狙っています。しかし、実際には完全につり合わせることができず、シングルボリュートの25%ほどになります。

　ディフューザは、ダブルボリュートよりもボリュート数を増やしているので、ラジアルスラストをかなりつり合わせることができます。しか

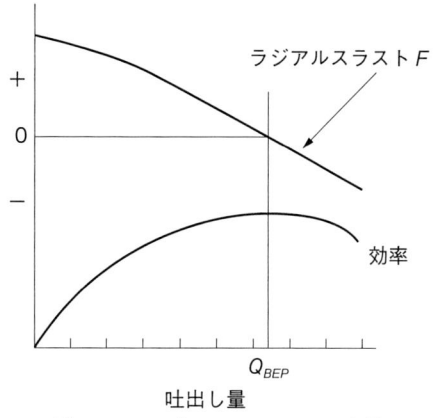

図 2-5　ラジアルスラストの変化

し、完全につり合わせることができないのはダブルボリュートと同じで、シングルボリュートの5％ほどになると推定されています。

　このように、ケーシングの通液路の形状はそれぞれ目的があって使い分けているのです。ラジアルスラストが大きいほど、ポンプの主軸のたわみが大きくなります。したがって、シングルボリュートで主軸径を大きくするか、ダブルボリュートにしてたわみを小さくして主軸径を小さくするかは、ポンプメーカの設計の方針によって決まります。一般には、全揚程が200 m以上の単段ポンプ、および吸込口径が200 mm以上の単段ポンプにダブルボリュートを採用しています。

> **チェックポイント**
> 全揚程および吐出し量が大きくなればなるほど、ラジアルスラストFが大きくなります。また、ラジアルスラストFは、スラスト係数Kにも比例します。

2-2 ● ケーシングガスケット

　ポンプは圧力容器の1つです。そして、ポンプのケーシングは鋳造、加工、組立などの制約があって、ケーシングカバーなどと組み合わせた構造になります。そのため、その合せ面を密封して液が漏れないようにします。そこで「ケーシングガスケット」が必須になります。

　ケーシングガスケットとして主に使用されているものを「JIS B 8265 圧力容器の構造」から抜粋して、**表2-5**に示します。最も一般的なガスケットはOリングです。同表では「セルフシールガスケット」に該当します。また、「ジョイントシート」もよく使われています。高温や低温、高圧などのポンプでは「渦巻形金属ガスケット」が使用されています。

　同表に「ガスケット係数 m」および「最小設計締付圧力 y」があり、ガスケットの材料や厚さによって、これらの値が異なっています。どちらの値も、ガスケットを組込み、ポンプの運転中に漏れなどが発生しないようにするために、設計上必要になります。そして、どちらの値も小さいほどケーシングカバーの厚さを薄くできたり、ボルトの本数を少なくしたりできます。詳しくいうと「ガスケット係数 m」はガスケットを組込むときの強度、「最小設計締付圧力 y」はポンプの運転中の気密に関係する値です。

　ここで「セルフシールガスケット」をみると、「ガスケット係数 m」も「最小設計締付圧力 y」も0です。「セルフシール」と呼ばれる所以がここにあるのですが、ボルトなどで強固に締め付ける必要がないので、ケーシングカバーなどもさほど強固に設計する必要はありません。一方、値の大きい「渦巻形金属ガスケット」や「平形金属ガスケット」は、ケーシングカバーを強固に設計し、ボルトも太く本数を多くする必要があります。

　ガスケットの選定にあたっては、価格が安く液性、温度、圧力などに耐えるものにします。Oリングは安価ですが、耐食性、温度、圧力など

表2-5 ガスケット係数および最小設計締付圧力

ガスケットの材料		ガスケット係数 (m)	最小設計締付圧力 $\left(\dfrac{y}{N/mm^2}\right)$	ガスケットの形状
セルフシールガスケット (Oリング、金属、ゴム、その他セルフシーリングとみなされるもの)		0	0	-
布または多くの繊維を含まないゴムシート	スプリング硬さ（JIS A）75未満	0.50	0	
	スプリング硬さ（JIS A）75以上	1.00	1.4	
ジョイントシート	厚さ 3.0 mm	2.00	11.0	
	厚さ 1.5 mm	2.75	25.5	
	厚さ 0.8 mm	3.50	44.8	
渦巻形金属ガスケット	炭素鋼	2.50	68.9	
	ステンレス鋼またはモネル	3.00	68.9	
平形金属ガスケット	軟質アルミニウム	4.00	60.7	
	軟質の銅または黄銅	4.75	89.6	
	軟鋼または鉄	5.50	124.1	
	モネルまたは 4～6% Cr 鋼	6.00	150.3	
	ステンレス鋼およびニッケル合金	6.50	179.3	

（JIS B 8265「圧力容器の構造」から抜粋）

に限界があります。金属製のガスケットはOリングと比較して、高価ですが、材料によって耐食性、温度、圧力などを広範囲に選定できます。また、Oリングは金属製ガスケットと比較して、密封するための接触面積が小さいので、金属製ガスケットの方が信頼性は高くなります。

2-3 ● 整流板

「整流板」は、**図2-6**に示すように、ケーシングの吸込側にケーシングと一体で設けられ、羽根車入口直前のら旋流を軸方向の流れに整流する役割を果たします。ポンプの吸込側は、整流板がないと羽根車の回転によって液がら旋流になり、液はら旋流のまま羽根車に突入します。整流板は必ずしも必要ではなく、吸込口径25 mmのように小さいポンプでは付けないこともあります。また、ポンプメーカによっては吸込口径にかかわらず付けないこともあります。

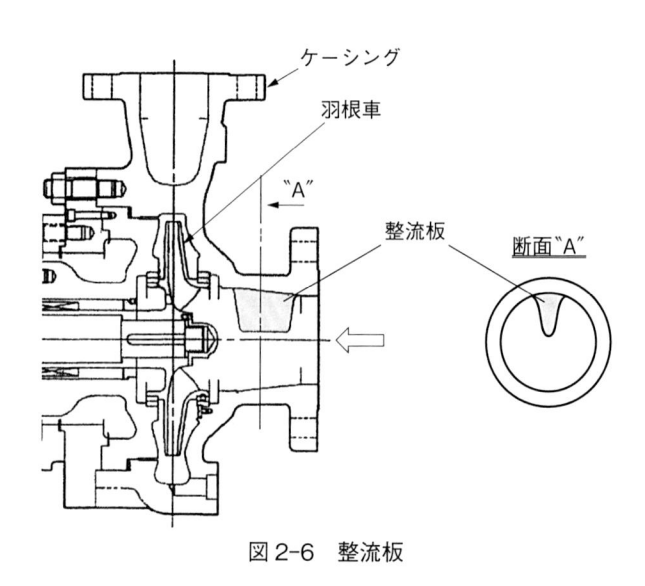

特定のポンプにおいて、整流板の有無による性能変化は**図2-7**のようになります。整流板がない場合、全揚程は締切点に向かって高くなり、大流量側で低下します。スラリーポンプや汚水ポンプには整流板は付けないのが普通です。スラリーポンプでは、流れを強制的に変えると偏流のため局部的な摩耗が増大し、汚水ポンプでは異物が整流板に絡まって吸込口を塞ぐ恐れがあるからです。

図2-6　整流板

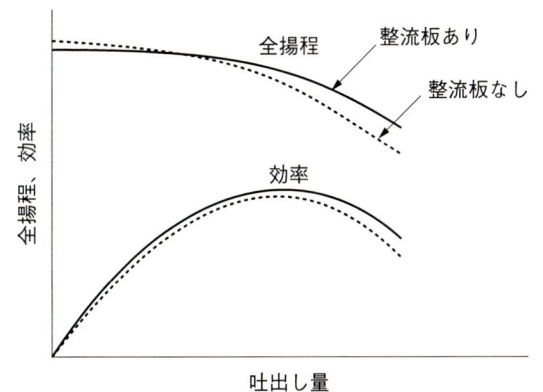

図2-7　整流板の有無による性能変化

> **豆知識**　中子支え
>
> 　68頁の図2-3にあるダブルボリュートのケーシングにおいて、2個のボリュートの断面積が小さい場合、鋳造するときにボリュートを支えるための「中子」がずれたり割れたりする問題が起こります。そのために、完成後は不要になる「中子支え」というもので中子を外側から支えます。中子支えのところは穴になっているので、鋳造した後、別ピースを溶接するか、またはハンドホールカバーと呼ばれる部品によって、完全に穴を塞いでケーシングを完成させます。

2-4 羽根車

（1） 羽根車の構造

「羽根車」は、主軸に固定された回転体で主軸と一体で回転します。そして、その回転によってポンプ取扱液にエネルギーを与えます。

羽根車は取扱液の特徴によって構造が変わります。清浄な液のときは**図 2-8** 示すクローズド形羽根車、スラリーなど摩耗成分を含んだ液のときは**図 2-9** に示すオープン形羽根車、ビニール紐や布きれなど閉塞を起こすような異物が混入しているときには、**図 2-10** に示す無閉塞形羽根車にします。

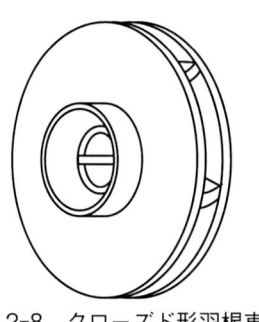

図 2-8　クローズド形羽根車

図 2-9　オープン形羽根車

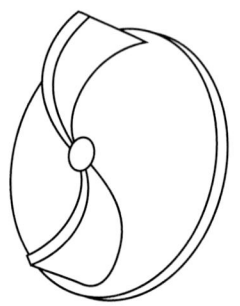

図 2-10　無閉塞形羽根車

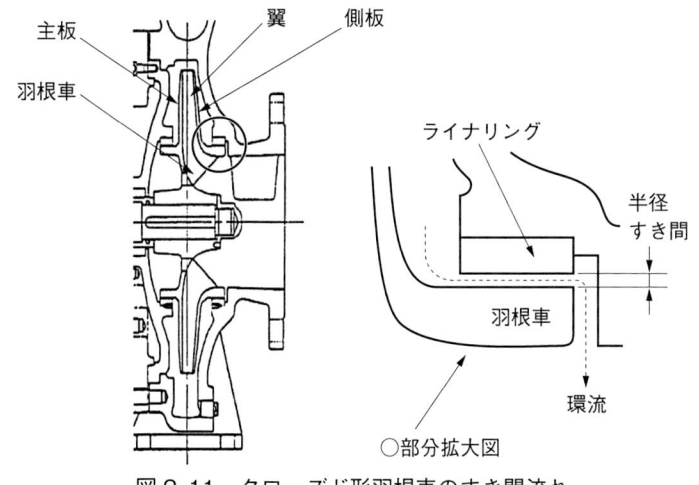

図 2-11　クローズド形羽根車のすき間流れ

　なぜ、そのように使い分けるのか説明します。**図 2-11** は主板と側板に翼が挟まれているクローズド形羽根車です。そして同図に示すように、羽根車とライナリングの半径すき間は還流量をできるだけ少なくして効率の低下を最小限にします。この半径すき間を通過するときの還流の流速はすき間が狭いので高速になります。もし、スラリーなど摩耗成分を含んだ液だとすれば、短時間のうちに半径すき間部は摩耗して、異常な効率低下を招くのです。また、ビニール紐や布きれなど閉塞を起こすような異物が混入している液の場合には、半径すき間部に異物が詰まって羽根車の回転を妨げてしまう危険があります。したがって、クローズド形羽根車は、スラリーや異物が混入しない清浄な液のときに使用されるのです。

　図 1-10（16 頁参照）に示すスラリーポンプの羽根車はセミオープン形をしていて、主板は付いていますが側板はありません。また、クローズド形羽根車にある羽根車とライナリングの半径すき間部はありません。このような形状にして、摩耗による著しい性能低下を避けているのです。

第 2 章 ● ポンプの構成部品と役割

77

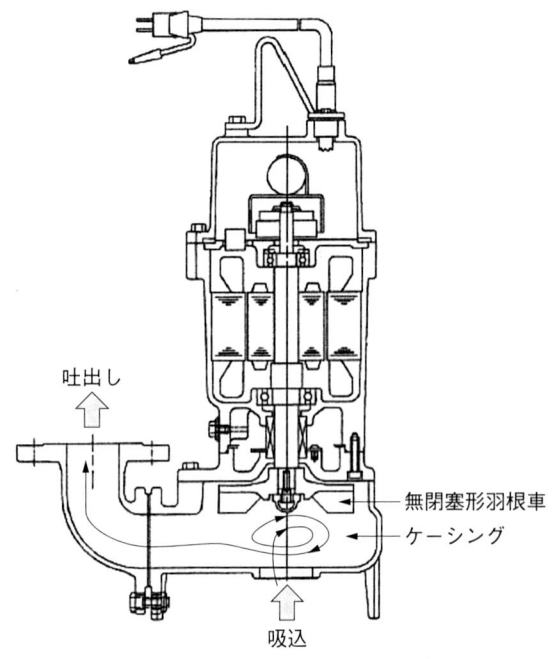

図 2-12　ボルテックスポンプ

　ビニール紐や布きれなど閉塞を起こすような異物が混入してくる場合に適用するポンプの1つに、**図 2-12** に示すボルテックスポンプと呼ばれるものがあります。図 2-10 に示す無閉塞形羽根車を使って、図 2-12 の再下端から異物が混入している取扱液を吸込み、ケーシング内に導きます。そして羽根車の回転によってケーシング内に円周方向の渦流を形成して、羽根車に異物が到達する前に、吐出し口から吐き出します。つまり、羽根車による渦流よって、異物の詰まりを防止しているのです。

（2）　羽根車のアキシャルスラスト - バランスホール

　ポンプの運転中には、羽根車に半径方向に作用するラジアルスラストの他に、軸方向に作用する「アキシャルスラスト」があります。アキシャルスラストを羽根車によって低減して、アキシャル軸受の負担を軽減

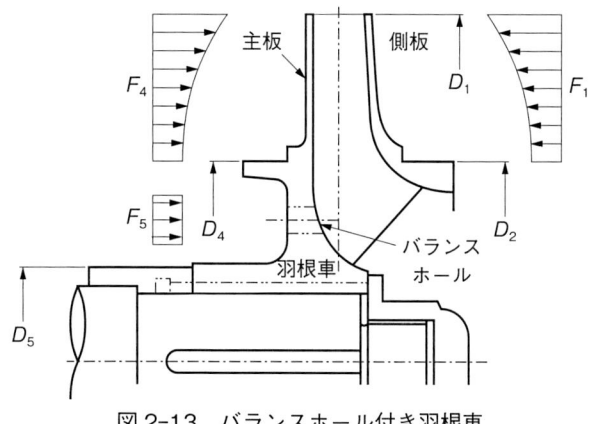

図 2-13　バランスホール付き羽根車

するために、バランスホール、片ライナ、裏羽根、羽根車の背面合わせなどが採用されています。

「バランスホール」は、図 2-13 に示すように、羽根車の主板のボス外側に一般には翼枚数と同じ数だけある穴のことをいい、アキシャルスラストを低減します。吸込圧力が0のとき、同図において各諸元を次のようにします。

D_1：羽根車直径
D_2：側板側ライナ直径
D_4：主板側ライナ直径
D_5：軸スリーブ直径
F_1：側板側アキシャルスラスト（D_1-D_2 間）
F_4：主板側アキシャルスラスト（D_1-D_4 間）
F_5：主板側アキシャルスラスト（D_4-D_5 間）

そして、$D_2 = D_4$ と設計すると、$F_1 = F_4$ となり、アキシャルスラストは F_5 だけになります。

ここで羽根車を出て吸込側に還流する流れを考えてみます。図 2-14 に示すように、羽根車を出た昇圧された液は主板側および側板側のライナ部を通過して吸込側へ還流します。バランスホールは主板に設けるので、

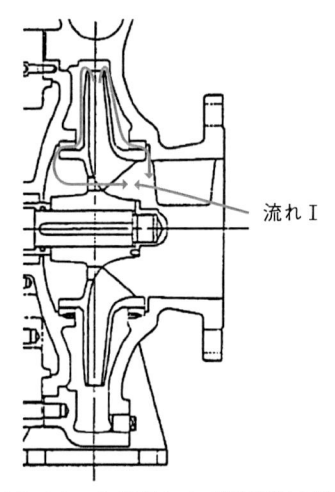

図 2-14　主板側および側板側の還流

同図の「流れⅠ」に示すように、主板側の流れはライナ部を通過し、バランスホールを経由して低圧である吸込側へ還流します。ここで重要なことはライナ部の半径すき間の断面積 A_{LY} とバランスホール総数の断面積 A_{BH} の関係です。アキシャルスラスト F_5 を最小にするためには、

$$A_{BH} \geqq 5 \times A_{LY}$$

にする必要があります。

（3）　羽根車のアキシャルスラスト - 片ライナ

吸込圧力が 0 でなく高圧の場合、できるだけアキシャルスラストを低減するために、**図 2-15** に示すように、主板側のライナ部をなくした片ライナの羽根車にします。この羽根車にはバランスホールは付けません。同図において、F_3 は吸込圧力によるアキシャルスラストですが、同図にある主板側アキシャルスラスト F_4 を大きくすることによって結果的にアキシャルスラストを低減しているのです。

図 2-15　片ライナ形羽根車

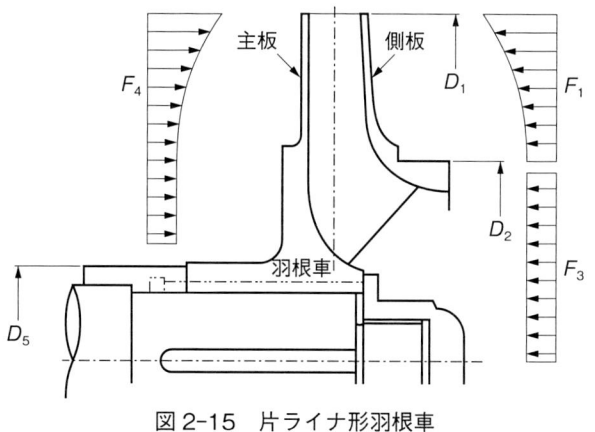

（4）　羽根車のアキシャルスラスト - 裏羽根

アキシャルスラストを低減する方法の3つ目です。**図 2-16** に示すように、主板に羽根車の翼と反対の位置に裏羽根と称するものを羽根車に一体で取り付けます。裏羽根の形状はラジアルベーンか曲線にします。同図において、吸込圧力が0として、F_1 は羽根車前面に作用するアキシ

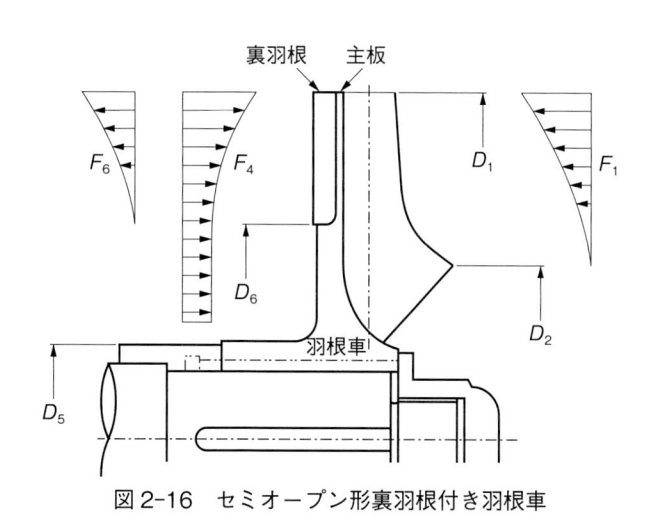

図 2-16　セミオープン形裏羽根付き羽根車

ャルスラスト、F_4 は裏羽根がないとした時の側板側に作用するアキシャルスラスト、F_6 は裏羽根が発生する圧力によるアキシャルスラストを示します。F_4 と F_6 はアキシャルスラストの方向が逆になるので、結果的にアキシャルスラストを低減しているのです。

（5） 羽根車のアキシャルスラスト - 羽根車の背面合わせ

羽根車を背面合わせに配列してアキシャルスラストを低減する方法です。羽根車は図 2-15 に示す片ライナ形羽根車で、多段ポンプに適用されます。**図 2-17** は 6 段のポンプの例ですが、羽根車を 3 個ずつ背面になるように配列するので、アキシャルスラストの方向が逆になって、アキシャルスラストを低減しているのです。

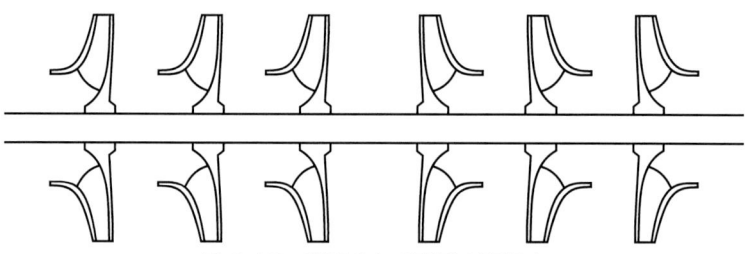

図 2-17　背面合わせ配列の羽根車

> **チェックポイント**　ポンプの運転中には、羽根車に半径方向に作用するラジアルスラストの他に、軸方向に作用する「アキシャルスラスト」があります。「バランスホール」は、羽根車の主板のボス外側に、一般には翼枚数と同じ数だけある穴のことをいい、アキシャルスラストを低減します。

2-5 ● ライナリングとインペラリング

　「ライナリング」は、ケーシングに取り付けられているリングで、「インペラリング」は羽根車に取り付けられているリングです。そして、ライナリングの内周とインペラリングの外周とで狭いすき間を形成し、還流量を少なくして効率低下を抑えています。すき間を流れる液の流速が高いので、よく摩耗することがあります。仮に、両方のリングが付いていなくて、ケーシングと羽根車とで狭いすき間を形成していたとすると、摩耗した場合にはケーシングや羽根車を交換する必要があります。そうなればコスト高になるために、ライナリングとインペラリングをそれぞれ取り付けて、摩耗する部品はケーシングや羽根車ではなく、ライナリングとインペラリングに代用させて、コストを抑えているのです。ただし、汎用ポンプでは両方のリングが付いていないことが多く、産業用ポンプではライナリングだけが付いていることが多くあります。

　それでは、このすき間からどれだけの還流量があるのでしょうか。計算式を**表2-6**に示します。すき間が狭いほど還流量は少なくなり、差圧の平方根に比例して増えます。

表2-6　すき間の還流量

Q：還流量

$$Q = C \cdot A \cdot \sqrt{2 \cdot g \cdot \Delta H}$$

C：流量係数
A：すき間の断面積（m^2）
g：重力加速度（m/s^2）
ΔH：差圧（m）

2-6 ● ライナリングとインペラリングのクリアランス

　ライナリングとインペラリングのクリアランスは、どの程度なのでしょうか。また、どのぐらい大きくなったら交換が必要になるのでしょうか。参考として**表 2-7** に API 610 で規定しているクリアランスを示します。これらのクリアランスは新品のときの値で、D_{LY} はクリアランス部の直径です。

　交換の目安は、ポンプメーカから推奨値が提出されると思いますが、一般には、「ポンプの性能に支障のない限り、設計値の最大の 2 倍」が交換の目安になっています。クリアランスが大きくなるにしたがって、吐出し量や全揚程が低下するので、吐出し量や吐出し圧力が徐々に低下してきます。

　ところで、ライナリングとインペラリングのクリアランスについて、十数年前に ISO 規格は、「運転に支障がなく、かつ始動前に手回しができればいくらでもよい」ことに変更されました。そして、JIS 規格も同じように変更になりました。そのため、このクリアランスの値は API 610 を除き、公的な規格から消えてしまっています。そのために、大学などではポンプの設計製図のときに、クリアランスをいくらにするか資料がなくて困るという話を聞いています。

　このクリアランスはポンプの性能に影響するので、いくらにするかは重要な問題です。API のクリアランスはどのような場合でも、ライナリング内周とインペラリング外周が当たらないように大きくしています。ポンプメーカでは、たとえば、ねずみ鋳鉄など運転中に双方が軽く接触したとしても問題が起こらないので、このようなかじり難い材料のときは、API のクリアランスより小さくして性能低下をできるだけ抑えています。

表 2-7 ライナリングとインペラリングのクリアランス−API

直径 D_{LY} (mm)	直径クリアランス (mm)
$D_{LY} < 50$	0.25
$50 \leq D_{LY} < 65$	0.28
$65 \leq D_{LY} < 80$	0.30
$80 \leq D_{LY} < 90$	0.33
$90 \leq D_{LY} < 100$	0.35
$100 \leq D_{LY} < 115$	0.38
$115 \leq D_{LY} < 125$	0.40
$125 \leq D_{LY} < 150$	0.43
$150 \leq D_{LY} < 175$	0.45
$175 \leq D_{LY} < 200$	0.48
$200 \leq D_{LY} < 225$	0.50
$225 \leq D_{LY} < 250$	0.53
$250 \leq D_{LY} < 275$	0.55
$275 \leq D_{LY} < 300$	0.58
$300 \leq D_{LY} < 325$	0.60
$325 \leq D_{LY} < 350$	0.63
$350 \leq D_{LY} < 375$	0.65
$375 \leq D_{LY} < 400$	0.68
$400 \leq D_{LY} < 425$	0.70
$425 \leq D_{LY} < 450$	0.73
$450 \leq D_{LY} < 475$	0.75
$475 \leq D_{LY} < 500$	0.78
$500 \leq D_{LY} < 525$	0.80
$525 \leq D_{LY} < 550$	0.83
$550 \leq D_{LY} < 575$	0.85
$575 \leq D_{LY} < 600$	0.88
$600 \leq D_{LY} < 625$	0.90
$625 \leq D_{LY} < 650$	0.95

表2-8 ライナリングとインペラリングのクリアランス−かじり難い材料

直径 D_{LY} (mm)	直径クリアランス (mm)
$D_{LY} < 50$	0.18
$50 \leq D_{LY} < 65$	0.19
$65 \leq D_{LY} < 80$	0.20
$80 \leq D_{LY} < 90$	0.21
$90 \leq D_{LY} < 100$	0.22
$100 \leq D_{LY} < 115$	0.23
$115 \leq D_{LY} < 125$	0.24
$125 \leq D_{LY} < 150$	0.27
$150 \leq D_{LY} < 175$	0.31
$175 \leq D_{LY} < 200$	0.34
$200 \leq D_{LY} < 225$	0.38
$225 \leq D_{LY} < 250$	0.42
$250 \leq D_{LY} < 275$	0.48

表2-8にかじり難い材料のときのクリアランスを参考として示します。

以上、ライナリングとインペラリングのクリアランスについて説明しましたが、両者が付いていない場合でも、双方の形成するクリアランスについては同様です。

> **チェックポイント**
>
> クリアランスはポンプの性能に影響するので、いくらにするかは重要な問題です。APIのクリアランスはどのような場合でも、ライナリング内周とインペラリング外周が当たらないように大きくしています。

2-7 ● 軸封（シール）

　軸封の主なものに、グランドパッキンとメカニカルシールがあります。軸封はシールと呼ぶ場合もあります。それでは、それぞれについて説明します。

（1） グランドパッキン

　「グランドパッキン」は、グランドパッキンと主軸の冷却および潤滑のために、**図 2-18** に示すように、フラッシング液を漏らしながら使用されます。その量は「糸を引くように」が理想とされています。グランドパッキンの近くには通常軸受ハウジングがあるので、滴下穴を設けて漏れた液が軸受ハウジング内に浸入するのを防止します。また、図 2-18 の矢視"A"を**図 2-19** に示しますが、滴下穴だけでは液が溢れ出る恐れがあるために、パッキン押えに突起を設けて、漏れた液を軸受ブラケット内に落ちるようにすることもあります。さらに、軸受ブラケットに集まった液体をドレン溝などへ流すための配管をすることがあります。

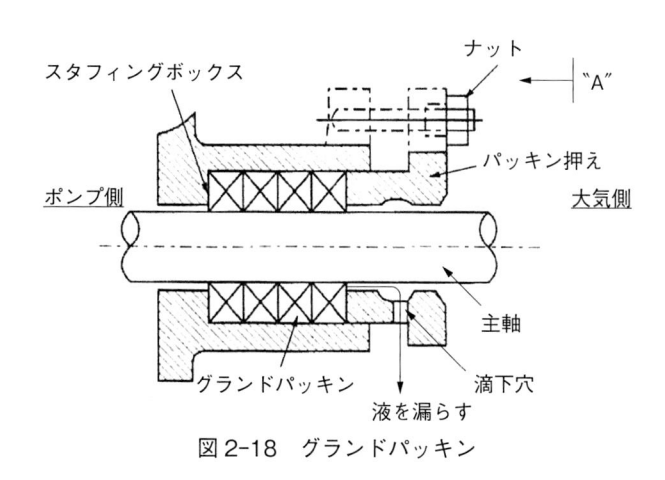

図 2-18　グランドパッキン

図2-19 パッキン押え

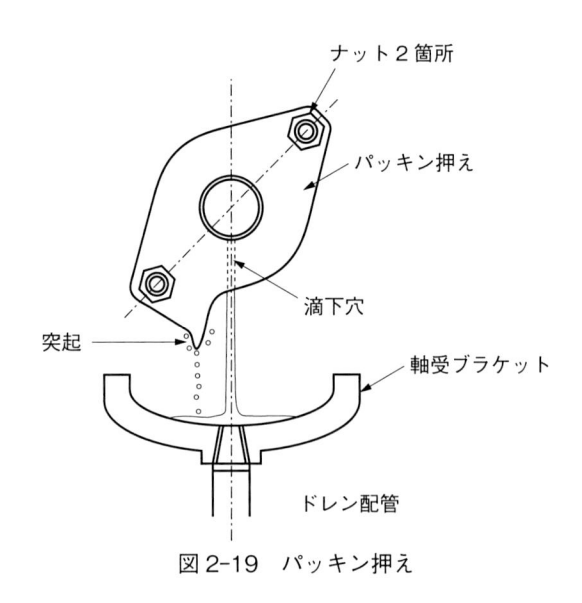

（2） メカニカルシール

「メカニカルシール」もグランドパッキンと同様に、摺動部の冷却および潤滑のために、フラッシング液が必要になります。そして、メカニカルシールが格納されているスタフィングボックス内の圧力は、大気圧力および液の飽和蒸気圧力よりも高い状態を保持します。

メカニカルシールは、メカニカルシールの国際的設計規格 ISO 21049 および API 682 に、許容漏れ量は 5.6 g/h と規定されています。漏れ量が 0 だとすれば、回転環と固定環の摺動面が潤滑媒体のない固体潤滑して、摺動面が激しく摩耗するので、機械部品として使用できません。1年とか 2年の寿命を与えるために、摺動面は液による流体潤滑になるように設計しています。また、メカニカルシールは摺動面に液が存在していても、軸方向すき間を数 μm に保って許容量以下の漏れ量になるように設計されています。つまり、メカニカルシールは漏れるのですが、グランドパッキンとは違い、漏れ量は極少量になります。

メカニカルシールは近年、「カートリッジ式」のものが販売されています。どのようなものかという前に、カートリッジ式でない従来のメカニ

図2-20 メカニカルシール

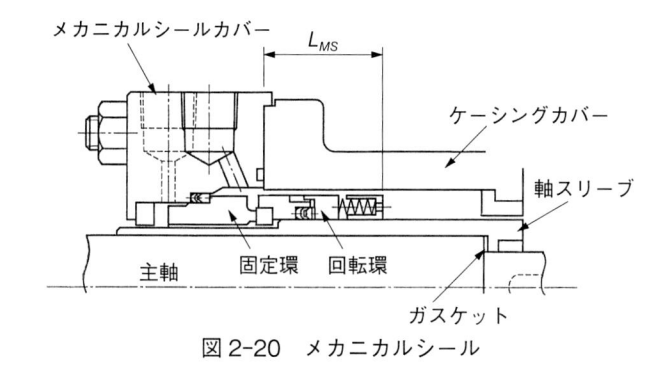

カルシールの取付け方法について説明する必要があります。図 2-20 に従来のメカニカルシールが取り付けられた状態を示します。メカニカルシールを取り付ける方法は、同図において、次のようになります。

①ケーシングなどを除きポンプを仮組立する。このときメカニカルシールは取り付けない。

②回転環の取付け寸法 L_{MS} を測るために、まずケーシングカバーとメカニカルシールカバーの合せ面（図でいうと L_{MS} の左端）の位置で、軸スリーブの表面に印を付ける。L_{MS} はメカニカルシールメーカから指定された寸法である。

③ケーシングカバーなどを取り外し、回転環の取付け寸法 L_{MS} になるように、回転環を軸スリーブに固定する。

④固定環をメカニカルシールカバーに組み込んで、最終的な組立を行う。

この方法で実際に組み立てるのは、煩雑で手間がかかります。これを解決するためにカートリッジ式のメカニカルシールが出現したのです。

カートリッジ式のメカニカルシールは、仮組立することなく直接取り付けることができます。図 2-21 に示すように、軸スリーブは主軸上を軸方向に動くことができます。そこで最初に、回転環を軸スリーブに L_{MS}' の寸法で固定します。そして、同図左端にあるロック板を軸スリー

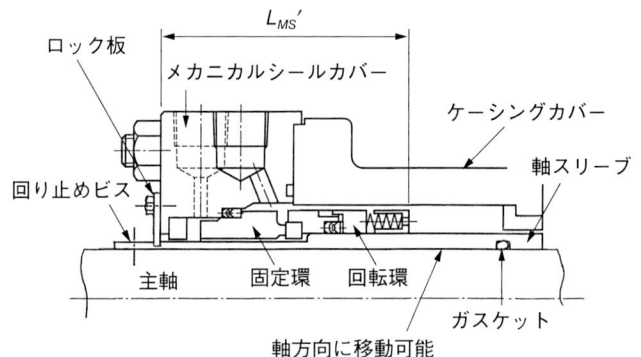

図 2-21 「カートリッジ式」メカニカルシール

ブの溝にはめ込むことによって、軸方向の位置を決めるのです。ポンプを始動する前に、ロック板は軸スリーブの溝から外します。この方式のメカニカルシールは組立時間の短縮につながります。

ところで、図 2-20 および図 2-21 において、軸スリーブが大気側に露出していますが、これには理由があります。メカニカルシールの漏れる可能性のある箇所は 2 カ所です。1 つは回転環と固定環の摺動面、もう 1 つは主軸と軸スリーブに挟まれたガスケットからです。**図 2-22** に示すように、軸スリーブが大気側に露出していないと、回転環と固定環の摺動面からの漏れもガスケットからの漏れも、メカニカルシールカバーの内周から出てきます。結局、漏れている箇所が両者のどちらからかは外

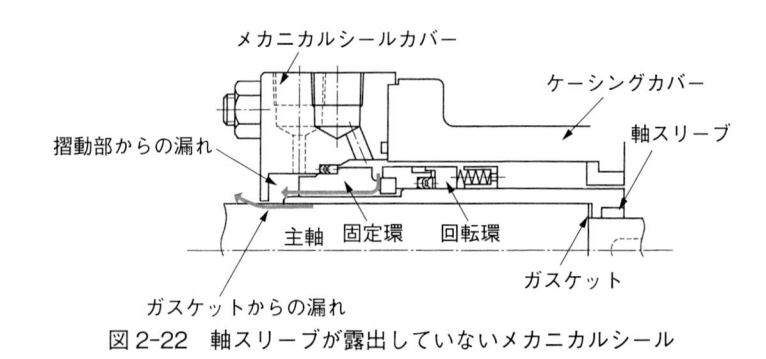

図 2-22 軸スリーブが露出していないメカニカルシール

からではわかりません。図 2-20 および図 2-21 に示すように、軸スリーブが大気側に露出していると、回転環と固定環の摺動面からの漏れは、軸スリーブの外周から出て、ガスケットからの漏れは、軸スリーブの内周から出てくるので、両者のうちどちらから漏れているか、外から判別することができます。

（3） グランドパッキンとメカニカルシールの比較

グランドパッキンは漏れ量が多いのですが安価です。一方、メカニカルシールは漏れ量は少ないのですが高価です。それぞれ目的に合わせてどちらかを選定することになります。主な特徴を比較して**表 2-9** に示します。

表 2-9　グランドパッキンとメカニカルシールの比較

	グランドパッキン	メカニカルシール
漏れ量	多い	少ない
寿命	短い	長い
軸スリーブの摩耗	多い	ほとんどない
メンテナンス	定期的に必要	ほとんど不要
最高使用圧力	低い	高い
最高使用温度	低い	高い
構造	簡単	複雑
価格	安価	高価

> **チェックポイント**　メカニカルシールは、メカニカルシールの国際的設計規格 ISO 21049 および API 682 に、許容漏れ量は 5.6 g/h と規定されています。

2-8 ● 軸スリーブ

「軸スリーブ」は、主軸の軸封部外周を覆う円筒で、軸封による主軸の摩耗を回避します。**図**2-23に、軸スリーブのない主軸で、軸封がグランドパッキンの場合を示します。ポンプの液が清浄であっても、経年変化のために主軸表面のグランドパッキン部が摩耗します。また、液に摩耗性のある異物が混入していれば、短時間のうちに主軸表面のグランドパッキン部が摩耗します。このような場合、主軸そのものを新しい部品に交換する必要があります。

図 2-23　軸スリーブのない主軸

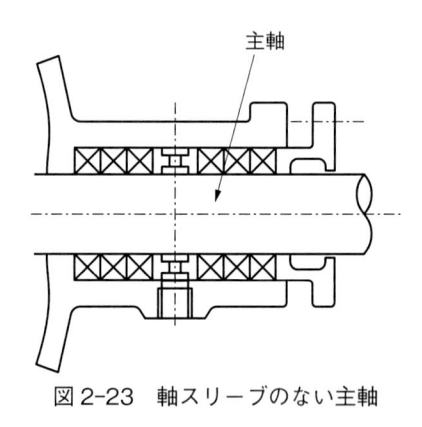

図2-24に、軸スリーブ付き主軸で、軸封がグランドパッキンの場合を示します。経年変化のための摩耗、または摩耗性のある液による摩耗があっても、主軸表面が摩耗するのではなく、軸スリーブの表面が摩耗します。そして、摩耗したら軸スリーブだけを交換します。軸封がメカニカルシールの場合には、主に回転環のガスケット部が摩耗することがあります。

　それでは、軸スリーブがすべてのポンプに付いているかというと、そうではありません。軸スリーブを付けると付いていない軸封よりサイズが大きくなります。つまり、コストアップになるのです。一般には、ト

図2-24　軸スリーブ付き主軸

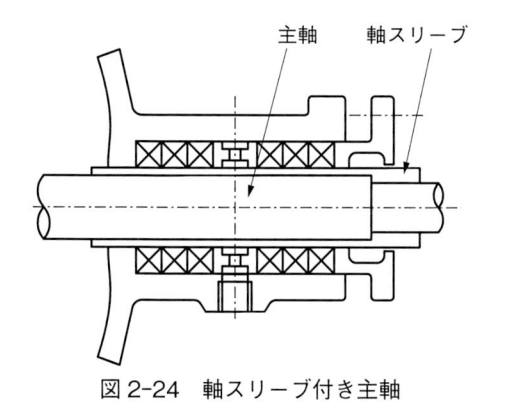

ラブルが起こった場合、ポンプそのものを交換するような低価格のポンプにおいては、軸スリーブを付けていません。一方、保守点検を確実に行って不具合があれば修理して数十年使い続けるようなポンプでは、軸スリーブを付けています。

豆知識
ガスケットが押しつぶされたら

　ケーシングガスケットに、Oリングでなくジョイントシートや渦巻形金属ガスケットなどシート状のガスケットを使用する場合、ガスケットが締めこまれたときに、外周に伸びたり内周に縮んだりしないように、66頁の図2-1に示すように内外周に必ず溝を設けます。こうすることによって、ガスケットは押しつぶされても反復力が保たれてシールできるのです。ガスケットの溝寸法などは、ガスケットメーカがサイズごとに推奨値を公表しているので、それを利用して設計します。

2-9 ● 軸受ハウジング

「軸受ハウジング」は、羽根車などの回転体の静的荷重と振動による動的荷重、羽根車に作用するラジアルスラストとアキシャルスラストなどを支える役割をします。そして、ラジアル軸受とアキシャル軸受を格納しケーシングなどに固定されています。

軸受は潤滑が必要になり、潤滑のためにオイルバスにする場合には、潤滑油が大気側に漏れないように、主軸との貫通部にデフラクタやオイルシールを設けています。また、オイルバスの場合には、適正な油面を外部から目視で確認する必要があるために、油面計が取り付けられています。よく使用される油面計は、**図 2-25** に示すような、俗に「Bull's-eye」といわれるもので、外周は NBR などのゴムのシールで覆われていて、中心に液面がわかるように赤色などの丸印が付いています。

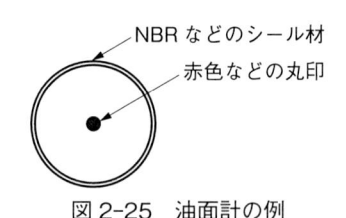

図 2-25　油面計の例

油面計は通常、軸受ハウジングの左右に 2 個取り付けます。潤滑油面はポンプが停止中は、**図 2-26** に示すように水平です。ポンプが運転中には、**図 2-27** に示すように回転方向に潤滑油が掻き揚げられるために、左右で潤滑油面が変わります。経験上ですが、2 極モータで運転されるときは、同図において、左側の油面が停止時より約 3 mm 高くなり、逆に右側の油面は約 3 mm 低くなります。2 個の油面計を付けることによって、ポンプの運転中でも潤滑油が適正量あるかどうかを判定できるのです。

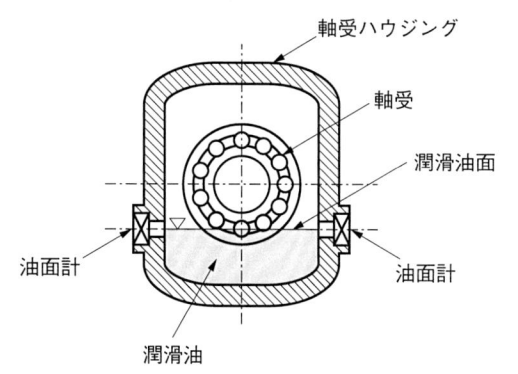

図 2-26　ポンプ停止中の油面

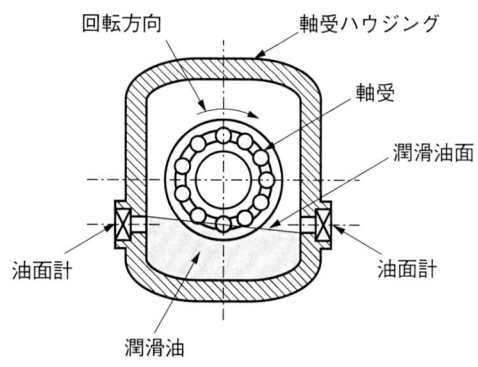

図 2-27　ポンプ運転中の油面

チェックポイント　液面計の外周は NBR などのゴムのシールで覆われていて、中心に液面がわかるように赤色などの丸印が付いています。

2-10 ラジアル軸受とアキシャル軸受

軸受はポンプが発生する荷重を支えるために必要になり、主軸および軸受ハウジングに取り付けられます。ラジアルは主軸方向に対して直角、アキシャルは主軸方向のことをいいます。軸受の寿命計算において、ポンプが発生する荷重をラジアルとアキシャルに分ける必要があるために、2方向に分けています。主に使用されている軸受と荷重の支持方向を**表2-10**に示します。

「深溝玉軸受」は、**図2-28**に示すように、外輪が軸方向に両側から押さえられていればラジアル荷重に加え、アキシャル荷重も支持できます。しかし、**図2-29**に示すように、外輪の軸方向にすき間があって外輪が

表2-10　軸受の種類と荷重支持方向

形式	種類	ラジアル荷重	アキシャル荷重
転がり軸受	深溝玉軸受	○	○
	円筒ころ軸受	○	×
	組合せアンギュラ玉軸受-背面合せ	○	○
すべり軸受	スリーブ	○	×

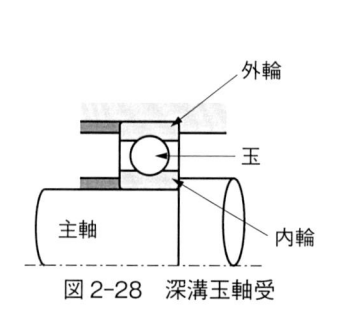

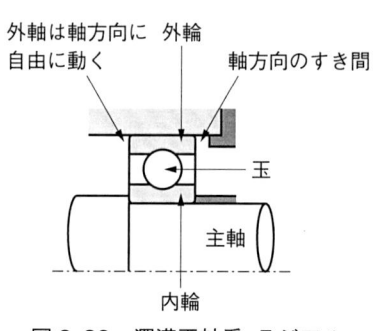

図2-28　深溝玉軸受

図2-29　深溝玉軸受-ラジアル

軸方向に自由に動くことができるようにしている場合は、ラジアル荷重だけ支持できます。

「円筒ころ軸受」は、図 2-30 に示すように、外輪が軸方向に両側から押さえられているのですが、内輪と円筒ころが相互に軸方向に動くことができるので、アキシャル荷重は支持できず、支持できるのはラジアル荷重だけになります。

「組合せアンギュラ玉軸受」は、2つの単列アンギャラ軸受を組み合わせた軸受で、組合せ方法によって、背面組合せ、正面組合せおよび並列組合せに分かれます。図 2-31 に示す軸受は、背面組合せの組合せアンギュラ玉軸受です。内輪は主軸に固定され、外輪は軸方向に動くことは

図 2-30　円筒ころ軸受

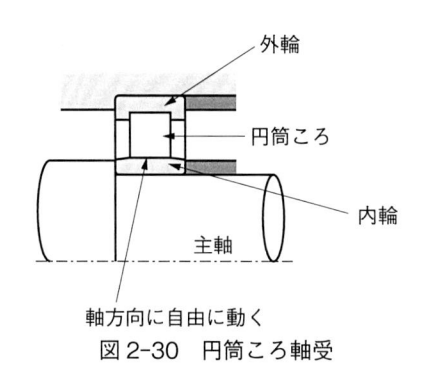

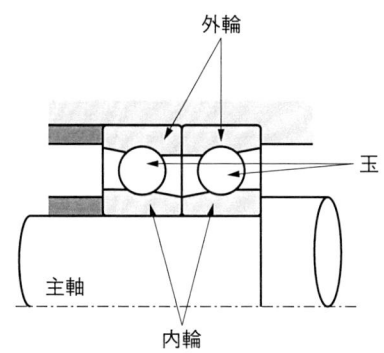

図 2-31　組合せアンギュラ玉軸受-背面組合せ

できません。したがって、ラジアル荷重に加え、アキシャル荷重も支持できます。

図 2-32 にすべり軸受を示します。ホワイトメタルなどの材料で製作するすべり軸受は、鋳鉄などの丈夫な台金で支えられています。すべり軸受と主軸は相互に軸方向に動くことができるので、アキシャル荷重は支持できず、支持できるのはラジアル荷重だけになります。主軸のすべり軸受部表面には通常、硬質クロムメッキが施工されています。

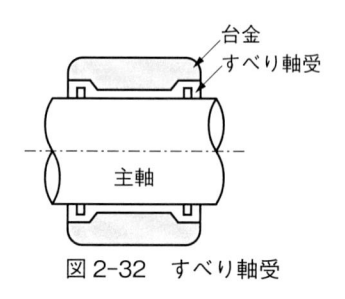

図 2-32　すべり軸受

2-11 ● オイルフリンガ、オイルリング、オイルミスト

　軸受の潤滑方式には、**表 2-11** に示すように、グリス密封、グリス、オイルバス、オイルミスト、強制給油があります。オイルバスの潤滑では軸受の潤滑および冷却効果を高めるために、オイルフリンガやオイルリングを追加することがあります。潤滑油は 2 極駆動のポンプでは ISO VG32、4 極駆動では ISO VG46 を使用します。

　グリス密封の軸受は軸受内部にグリスが密封されているので、外部からグリスもオイルも供給する必要がなく、扱いやすい軸受です。グリスで潤滑する軸受は、軸受ハウジング内にグリスを入れて潤滑します。

　図 2-33 に「オイルバス＋オイルフリンガ」の構造を示します。潤滑油面は玉軸受の中心または若干下にし、主軸に一体で取り付けられたオ

表 2-11　軸受潤滑方式

| ①グリス密封 |
| ②グリス |
| ③オイルバス |
| ④オイルバス＋オイルフリンガ |
| ⑤オイルバス＋オイルリング |
| ⑥オイルミスト |
| ⑦強制給油 |

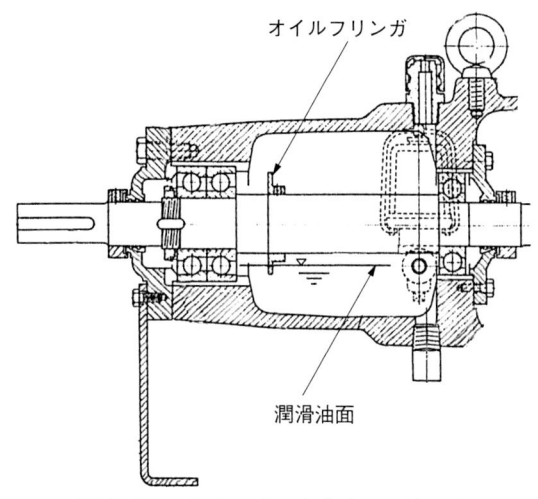

図 2-33　オイルバス＋オイルフリンガ

イルフリンガが潤滑油を掻き揚げて、軸受の潤滑および冷却効果を高めます。同図においてオイルフリンガが付かない潤滑はオイルバスになります。

「オイルバス＋オイルリング」の潤滑方式を図 2-34 に示します。潤滑油面は軸受の玉中心よりかなり下になりますが、オイルリングは主軸の回転とともに、オイルフリンガと同様に、潤滑油を掻き揚げて軸受の潤滑および冷却効果を高めます。

オイルミストによる潤滑方式は、図 2-35 に示します。軸受ハウジン

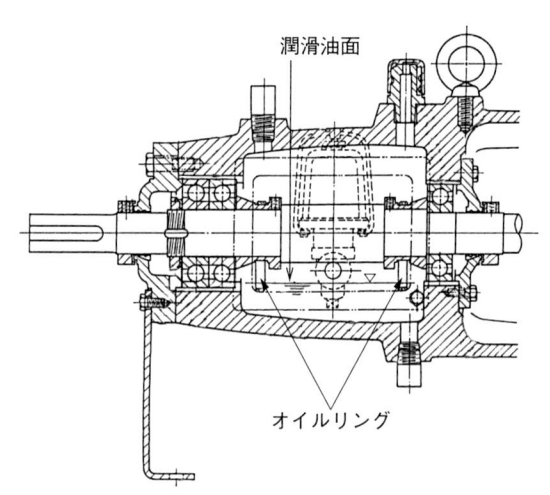

図 2-34　オイルバス＋オイルリング

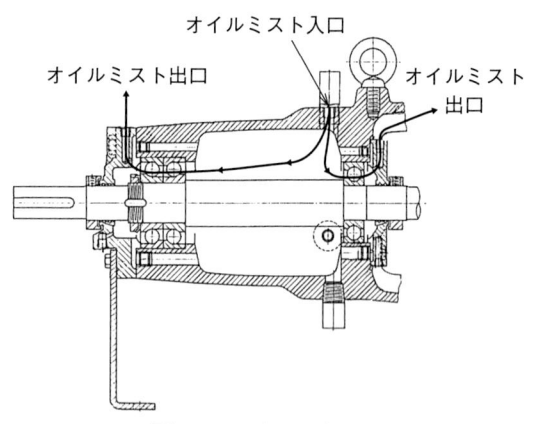

図 2-35　オイルミスト

グ内には潤滑油は不要です。外部から潤滑油を霧状にして軸受ハウジングのオイルミスト入口から導入し、各軸受を通過させて残りのオイルミストをオイルミスト出口から排出します。

　オイルバスの場合、潤滑油面は玉軸受のほぼ中心にするので、外輪と玉による攪拌熱が大きくなります。オイルリングの場合は、潤滑油面は玉軸受の下にあって外輪にも接していないので、軸受の回転による攪拌

熱はそれほど発生しません。オイルミストは潤滑油がないので、当然ですが、攪拌熱は発生しません。

2-12 ● デフレクタ、オイルシール

「デフレクタ」は、主軸に一体に取り付けられ、潤滑油の漏れを最小限にし、また外部からの異物の侵入を防ぎます。図 2-36 の○印で示した両側の軸受カバーの内面に、図 2-37 に詳細を示すようにラビリンスを付けて潤滑油の漏れを効果的に防ぎます。

　デフレクタの他に、軸受ハウジングからの油漏れを防止するものとして、図 2-38 に示す「オイルシール」があります。デフレクタは非接触であるのに対し、オイルシールは油を介して接触しています。

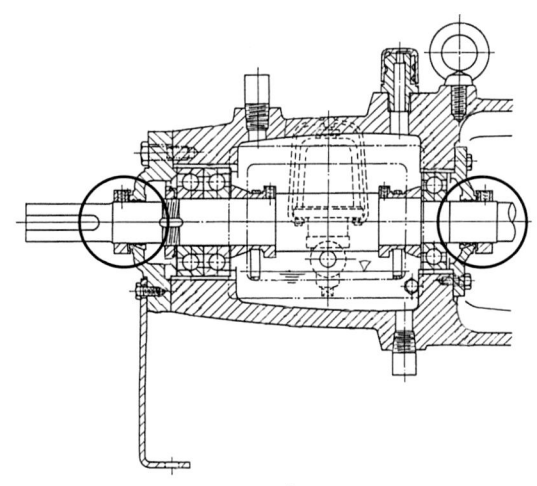

図 2-36　デフレクタ

図 2-37　デフレクタ部詳細

図 2-38　オイルシール

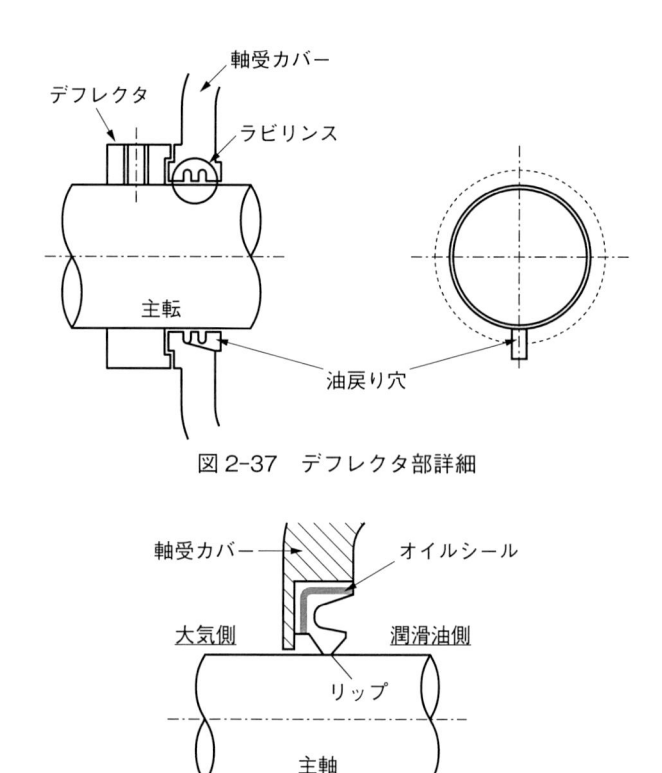

2-13 ● コンスタントレベルオイラ

　「コンスタントレベルオイラ」は、軸受ハウジング内の潤滑油が漏れたときに、常に漏れた量だけ潤滑油を自動的に補給します。コンスタントレベルオイラの外観を**図 2-39**に、取付け状態を**図 2-40**に示します。

　コンスタントレベルオイラを設けておくと、突発的な事故でない限り潤滑油不足の状態を回避できます。ただし、取り付ける位置に注意する必要があります。図 2-40 において、主軸が反時計方法に回転していると

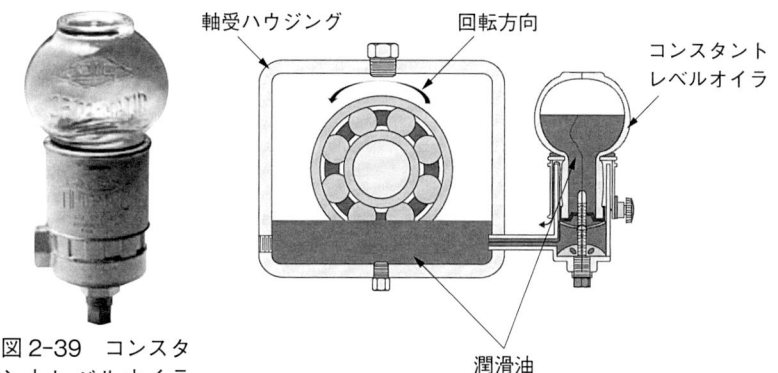

図2-39 コンスタントレベルオイラの外観

図2-40 コンスタントレベルオイラ取付け

きは、同図のように右側にします。ポンプの運転中に潤滑油面が傾くので、傾いて潤滑油が入りすぎるのを防止するためです。

2-14 空気抜き

　軸受ハウジング内には軸受が入っていて、ポンプの運転中は軸受の摩擦熱や潤滑油の攪拌熱によって潤滑油や軸受ハウジング内の空気の温度が上昇します。そのために、主に空気の温度上昇によって、軸受ハウジング内の圧力が大気圧力よりも若干上昇します。主軸貫通部にはデフレクタやオイルシールが付いているのですが十分圧力を逃すことができず、潤滑油は軸受ハウジング内の高圧側から大気の低圧側へ漏れやすくなります。そこで、空気抜きを設けるのです。空気抜きは常時、高圧になった空気を大気側へ逃してくれます。そのために、潤滑油の漏れを最小限にできるのです。

　またポンプを停止すると、温度上昇した空気は徐々に常温になって体積が減って軸受ハウジング内の圧力が負圧になるのですが、空気抜きによって、大気側から空気を取り込んで、軸受ハウジング内の圧力を大気圧に保ってくれます。

2-15 ● 軸受支柱

　この部品は、なんといっても軸受の振動を抑えてくれます。

　しかし、液温が150℃を超える場合には注意する必要があります。軸受支柱は**図2-41**に示すように軸受カバーおよび共通ベース上に固定されます。高温液の場合、ケーシングやケーシングカバーは高温になって軸方向に伸びます。また、軸受ハウジングは高温液でなくてもある程度の高温になるために、軸方向に伸びます。しかし、共通ベースは液温には無関係で、常に周囲の温度であるために軸方向の伸びはほとんどありません。軸受支柱がなければポンプは軸方向に自由に伸びることができるのですが、軸受支柱があると、ポンプの下半分の伸びを強制的に抑えるのです。そのため、ポンプ内部の羽根車とライナリングなどが接触する危険があったり、カップリングで結合されている主軸端が下がったりする恐れがあります。したがって、軸受支柱は振動の低減はできるのですが、高温液を扱うポンプでは使用しない方が無難です。

　もう1つ軸受支柱の役割があります。ポンプの吸込口および吐出し口には、接続される配管などから荷重とモーメントが作用します。軸受支柱はこれらの荷重およびモーメントによるポンプ全体の変形も押さえてくれます。

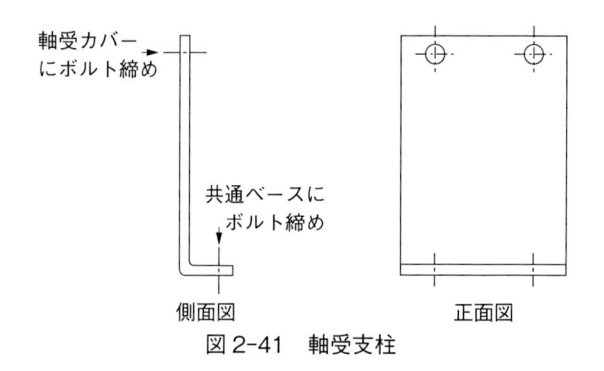

図2-41　軸受支柱

2-16 オリフィス

　表2-1にない部品ですが、ポンプに使われるオリフィスとサイクロンセパレータについても紹介します。

　軸封に使うオリフィス、ミニマムフロー用オリフィス、ウォーミングオリフィスなど、ポンプの吸込圧力と吐出し圧力の差を利用して流量を調整するために、オリフィスがよく使われています。

　「オリフィス」は、図2-42に示すように穴があいた単純な板です。オリフィスの前後の差圧および必要になる流量によって、1枚だけの単段および複数枚のオリフィスを使う多段があります。オリフィス前後の差圧は単位をmに換算し、50から150m程度は単段にします。それを超えると多段になります。1段当たりの差圧を大きくすると、オリフィス後流直後に発生する液の急拡大による高周波の騒音が大きくなります。また、配管が浸食されることもあります。オリフィスは、図2-43に示すように鋼管の内側に溶接で取り付ける方法、図2-44に示すようにフ

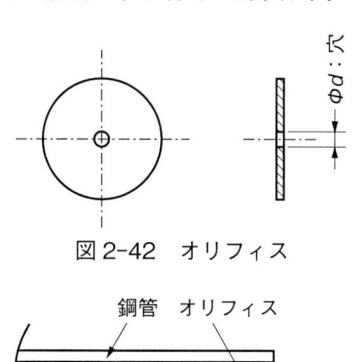

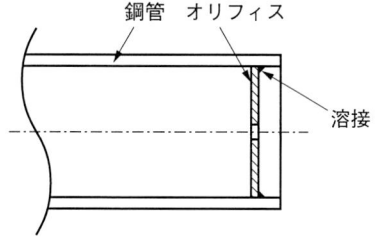

図2-42　オリフィス

図2-43　鋼管の内側に溶接で取り付ける方法

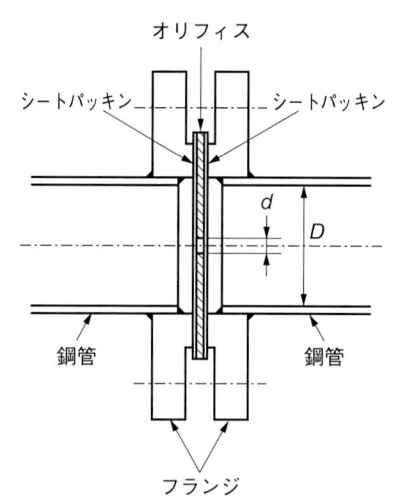

図 2-44　フランジで挟んで取り付ける方法

ランジで挟んで取り付ける方法などがあります。材料は侵食に強い18Cr-8Ni ステンレス鋼を使うのが一般的です。

　オリフィスの流量とオリフィス径を決めるための計算式を**表 2-12** に示します。流量係数 C は、図 2-44 に示すオリフィス径 d とオリフィス前流の鋼管の内径 D の比によって決まりますが、実際は計算ではなく実験によって求めています。**図 2-45** に流量係数 C の参考値を示します。流量係数 C は、オリフィス径 d を大きくしていって鋼管の内径 D に近づけていくにつれて直径比は大きくなり $d/D=1$ のとき、すなわちオリフィスがない状態で $C=1$、逆にオリフィス径 d を小さくしていって 0 に近づいていくにつれて直径比は小さくなり直径比 $d/D=0$ のとき、すなわちオリフィス径 $d=0$ の場合 $C=0$ になります。そして、$C=0$ から 1 までは数次曲線で変化します。

　それでは、計算例を示します。**図 2-46** に示すように、吐出し側からスタフィングボックスにオリフィスを介して、フラッシング液を流します。条件は次のとおりとします。

・吐出し側の圧力を $10\,\mathrm{kg/cm^2}$
・スタフィングボックス内の圧力を $3\,\mathrm{kg/cm^2}$

表 2-12 オリフィスの流量

$$Q = C \cdot A \cdot \sqrt{2 \cdot g \cdot \Delta H / n}$$

Q：流量
C：流量係数
A：オリフィスの断面積（m²）

$$A = \frac{\pi}{4} \cdot d^2$$

d：オリフィス径（m）
g：重力加速度（m/s²）
ΔH：差圧（m）
n：オリフィス段数

$$d = \sqrt{\frac{4 \cdot Q}{\pi \cdot C \cdot \sqrt{2 \cdot g \cdot \Delta H / n}}}$$

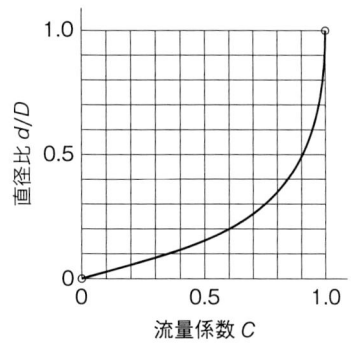

図 2-45 流量係数

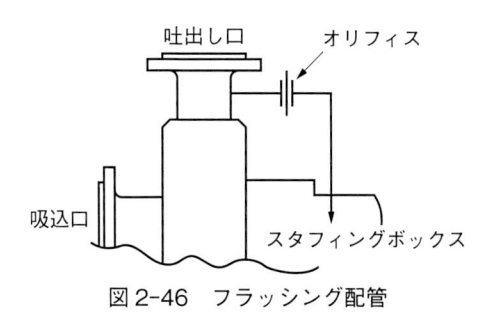

図 2-46 フラッシング配管

- 流量 $Q = 3 \, \text{m}^3/\text{h}$
- 液の密度を $1 \, \text{g/cm}^3$
- 鋼管の内径 $D = 14.3 \, \text{mm}$

① 流量係数 $C = 0.75$ と仮定してオリフィス径 d を計算する。計算式は表2-12にある。その結果、$d = 6.2 \, \text{mm}$ になるので、直径比 $d/D = 0.432$ になる。

② 直径比 $d/D = 0.432$ なので、図2-45から流量係数 $C = 0.86$ として再計算する。結果は $d = 5.8 \, \text{mm}$ になるので、直径比 $d/D = 0.404$ になる。

③ 直径比 $d/D = 0.404$ なので、図2-45から流量係数 $C = 0.84$ としてさらに計算する。結果は、$d = 5.8 \, \text{mm}$、直径比 $d/D = 0.408$ になる。

④ 直径比 $d/D = 0.408$ のとき、図2-45の流量係数は $C = 0.84$ なので、計算はこれで終了。

これらの計算結果を**表2-13**に示します。オリフィス径は小さいとごみなどで詰まることがあるので、最小直径は $2 \, \text{mm}$ 程度にします。

表2-13 オリフィス径の計算

No.	項目	単位	計算1	計算2	計算3
1	流量 Q	m^3/h	3	3	3
2	吐出し側の圧力	kg/cm^2	10	10	10
3	スタフィングボックス内の圧力	kg/cm^2	3	3	3
4	液の密度	g/cm^3	1	1	1
5	差圧 ΔH	m	70	70	70
6	鋼管の内径 D	mm	14.3	14.3	14.3
7	流量係数 C		0.75	0.86	0.84
8	オリフィス径 d	m	0.00618	0.00577	0.00584
9	オリフィス径 d	mm	6.2	5.8	5.8
10	検算 Q	m^3/s	0.000833	0.000833	0.000833
11	検算 Q	m^3/h	3.000	3.000	3.000
12	直径比 d/D		0.432	0.404	0.408

2-17 ● サイクロンセパレータ

　研磨後の廃液に溜まった研磨粉の回収、食品の製造過程における原材料の分級、微粒子の分級・分離、排ガスから発生した汚染物質の除去などに使用されているのがサイクロンセパレータです。「サイクロンセパレータ」は、流体中に浮遊する微粒子ごみの密度と流体自体の密度との差によって、両者に発生する遠心力の違いを利用して微粒子ごみを流体から分離します。これをポンプにも利用することがあります。

　サイクロンセパレータは図 2-47 および図 2-48 に示すように、一般には円錐状です。微粒子ごみが混入した液をポンプの吐出し側からサイクロンセパレータの円周方向に流し込み、その中でら旋流を発生させます。このら旋流によって発生する遠心力の差によって、微粒子ごみはサイクロンセパレータの内壁に押し付けられながら落下し、清浄になった液がサイクロンセパレータの上方から吐き出されて、スタフィングボックスへ送られます。サイクロンセパレータの下方はポンプの吸込側へ戻るようにします。このように、サイクロンセパレータは微粒子ごみを含んだ液のときに利用されますが、微粒子ごみを含まない液の場合でも、万一微粒子ごみが侵入したときの安全対策として利用されます。

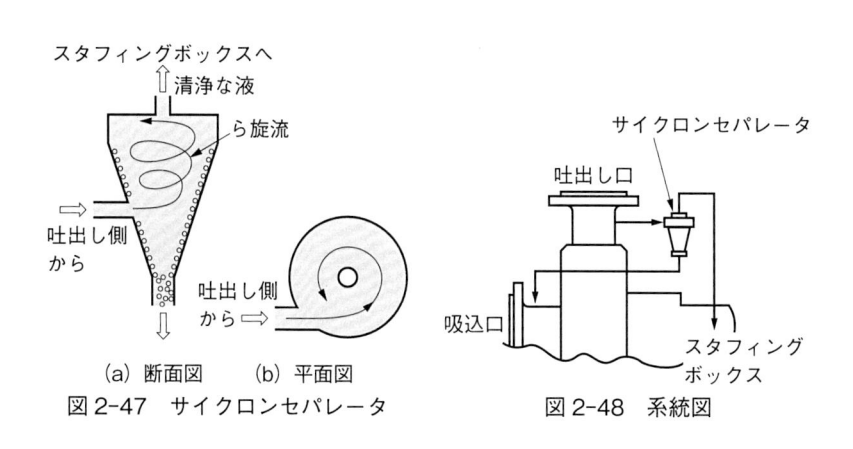

図 2-47　サイクロンセパレータ
（a）断面図　（b）平面図

図 2-48　系統図

第3章

ポンプの仕様

　ポンプを発注するに当たり、飽和蒸気圧力、密度など多くの仕様が必要になります。これらの仕様は、ポンプの購入者が何もいわなくてもポンプメーカに以心伝心できるわけではないので、各仕様をよく理解して発注する必要があります。

3-1 ● ポンプを発注するときに必要な仕様

　ポンプを発注するにあたり、どのような仕様が必要になるのでしょうか。ホームセンターや通信販売などで購入できる安価なポンプは別として、ポンプを発注するときに必要になる仕様を**表 3-1** にまとめて示します。

　これらの仕様は、ポンプの購入者が何もいわなくてもポンプメーカに以心伝心できるわけではありません。購入者からポンプメーカに仕様を逐一指定する必要があります。それでは、仕様を指定するときに注意する点をみていきましょう。

　仕様書として、まず「発注仕様書（または購入仕様書と呼ばれる）」があります。発注仕様書はすべての仕様をまとめたものになります。この中には、発注時期、納期、設計仕様、塗装、検査、試験、溶接補修、予備品などの仕様が網羅されます。これらの仕様のうち、設計、塗装、検査、試験、溶接補修などについては、一般には発注仕様書には仕様書の番号だけを明記して、発注仕様書とは別に添付されます。

　設計に関しては、遠心ポンプであれば、JIS B 8313、JIS B 8322、ANSI B 73.1、ISO 5199、API 610 などの設計規格があります。購入者においては、ポンプの重要度、運転予想年数、価格などを考慮して適用する設計規格を決める必要があります。この設計規格が仕様の中で最重要になります。それでは、個別に仕様をみていきます。

（1）　飽和蒸気圧力

　液化ガスのように、温度が少し変わるだけでも飽和蒸気圧力の変化が大きい液があります。液化ガスは液温が高くなると液の飽和蒸気圧力が高くなり、スタフィングボックス内で気化する恐れがあります。そのため、スタフィングボックス内の圧力を高めたり、メカニカルシールのフ

表3-1　ポンプの仕様

No.	項目	個	別
1.	適用仕様書		適宜
2.	発注時期		適宜
3.	納期		適宜
4.	取扱液の特性	液名	腐食性の有無
		飽和蒸気圧力	スラリー混入または析出の有無
		密度	有る場合、スラリーサイズ
		比熱	有る場合、スラリー濃度
		動粘度	硫化水素混入の有無
5.	運転条件	液温	吸込圧力
		規定吐出し量	全揚程
		最大吐出し量	NPSHA
		最小吐出し量	間欠運転の有無
		吐出し圧力	
6.	設置場所、ユーティリティ	熱帯地方設置か	冷却水圧力
		防爆クラス	冷却水温度
		設置高度	冷却水塩素濃度
		周囲温度	計器用空気圧力
		相対湿度	計器用空気温度
		電圧	蒸気圧力
		相数	蒸気温度
		周波数 Hz	
7.	性能	騒音	NPSH 余裕
		最大吸込比速度 S	回転方向
8.	駆動機		適宜
9.	構造	吸込・吐出しノズル面	ケーシングボリュート、ディフューザ
		吸込・吐出しノズルレーティング	ケーシング支持
		吸込・吐出しノズル方向	許容最高圧力
		ケーシング、配管の接続	危険速度
		ドレン構成	カップリング形式
		ベント構成	共通ベース
		材料	軸封形式
		軸受形式、軸受潤滑方式	計装品
10.	下地処理、塗装		適宜
11.	検査、試験		適宜
12.	溶接、補修		適宜
13.	予備品		適宜
14.	特別な仕様		適宜

第3章 ● ポンプの仕様

ラッシング液を冷却する必要があるかどうかなどを検討したりします。また NPSHA が小さくなるので、ポンプの吸込部の液温上昇を確認して、キャビテーションが発生しないように配慮します。

このようなことがあるので、定格の温度などにおける飽和蒸気圧力を必ず指示しましょう。

（2） 密度

密度 ρ（g/cm³）≤ 0.7 のときは、図 3-1 に示すケーシングが「軸水平割り」ケーシングのポンプは避けた方がよく、同図の「軸垂直割り」ケーシングのポンプが適しています。密度が小さいと液が漏れやすいからです。

また、密度 ρ はポンプの軸動力に関係します。そして、ポンプの軸動力 S（kW）は次の式で計算できます。

$$S = 0.1634 \times \rho QH/\eta$$

Q：吐出し量（m³/min）

H：全揚程（m）

η：効率（= ％ /100）

$\rho > 1$ の場合、ポンプメーカでは、主軸や羽根車の動力伝達部の強度を確認する必要があります。確認した結果、強度不足であれば材料を変更することがあります。

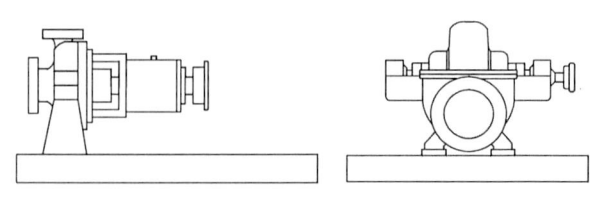

(a)「軸垂直割り」ケーシングのポンプ　　(b)「軸水平割り」ケーシングのポンプ

図 3-1　ポンプのケーシング

（3） 比熱

　ポンプの入口温度と出口温度は異なります。入口から入ってきた液は、ポンプの損失によって温度上昇して吐出し口から出ていきます。吐出し温度が上昇するとシステムに影響を及ぼすのであれば、吐出し温度の規定を仕様書の中に含めます。ポンプメーカは比熱がわかれば、**表 3-2** に示す計算式を使って温度上昇を推定できます。

　ポンプの運転流量を小さくしていくと、**図 3-2** に示すように、ポンプ取扱液の温度上昇が大きくなります。比熱が小さいほど、ポンプ取扱液の温度上昇が大きくなります。比熱が小さいときは、ミニマムフローを大き目にして温度上昇を抑えることがあります。

表 3-2　ポンプの温度上昇

$t = (g \cdot H / c)(1/\eta - 1)$
　t：温度上昇値（K）
　g：重力加速度（$= 9.80665 \text{ m/s}^2$）
　H：全揚程（m）
　c：比熱（J/（kg・K））、水の場合 $c = 4187$
　η：ポンプ効率

c の単位を「Kcal/（kg・K）」で与えられたとき、
　$t = H/(427c)(1/\eta - 1)$

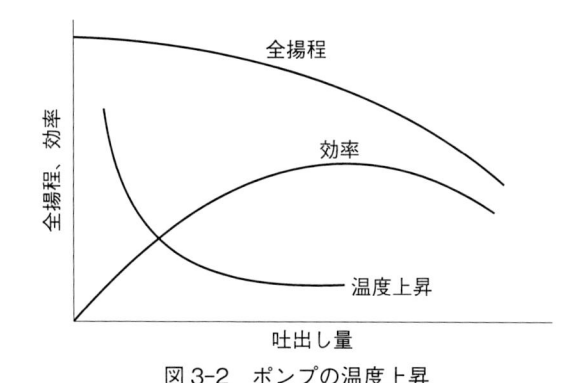

図 3-2　ポンプの温度上昇

（４） 動粘度

遠心ポンプの性能試験は、ISO 9906 にしたがって実施されます。この規格に相当する JIS 規格は JIS B 8301 です。この規格では、性能試験は常温の清水を使うように規定しています。そのため、ポンプメーカではポンプの性能試験は常温の清水を使って行います。

しかし、ポンプは水だけでなく、多様な液を扱います。動粘度が水よりも大きいとき、水で試験した性能とは異なります。どの程度変わるのか、$\nu = 1$、100 および 350 cSt 3 種類の動粘度について、性能変化の傾向を図 3-3 および図 3-4 に示します。両図において、$\nu = 1$ cSt は水の場合です。

図 3-3 は全揚程および効率の変化を示しています。全揚程は締切点では動粘度にかかわらず同じになり、吐出し量が増えるにつれて動粘度が大きいほど全揚程が低下します。効率も同じように低下します。しかし、動粘度が変わっても比速度 N_s は同じになるという事実があります。図 3-4 は軸動力の変化を示しています。軸動力は動粘度が大きくなると必ず大きくなります。

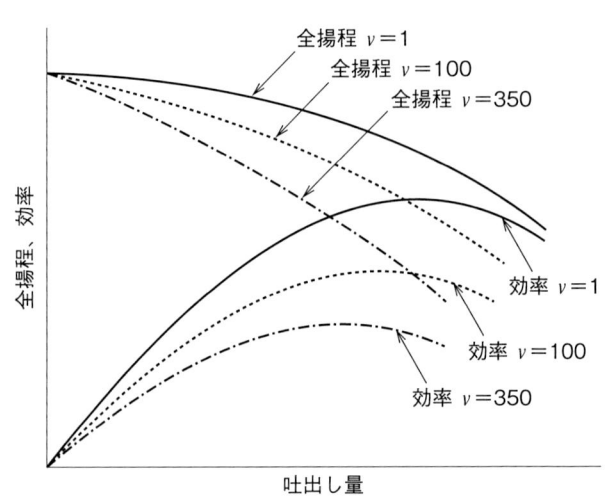

図 3-3　粘性によるポンプの性能変化-全揚程、効率

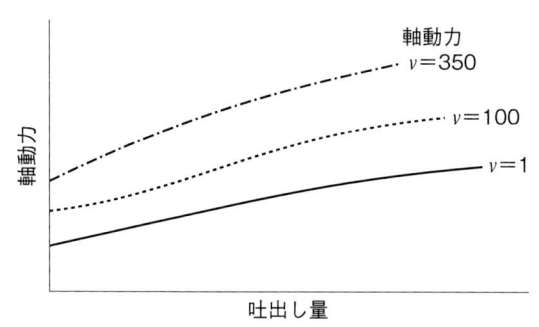

図 3-4　粘性によるポンプの性能変化−軸動力

　図 3-3 および図 3-4 は性能変化の傾向を示していますが、正確に計算することができます。ISO/TR 17766 というテクニカルレポートに、比速度 Ns に基づいた計算式が載っています。ポンプメーカで行った水での性能試験の結果を規定の動粘度に計算で換算して、性能を確定します。

（5）　腐食性

　腐食性があるかないかの基準は、ねずみ鋳鉄や炭素鋼が腐食されるかどうかによって決まります。このような材料が腐食される液は、腐食性があります。腐食性がない場合、「腐食性はない」と仕様書に書く必要はありません。逆に腐食性がある場合、どのような成分に腐食性があるかを仕様書に明記する必要があります。

　取扱液に腐食性がない場合、ポンプの材料は最高使用圧力に耐える材料、たとえば炭素鋼を使います。腐食性がある場合、ポンプの材料は取扱液の腐食に対して耐える材料、たとえばオーステナイト系ステンレス鋼や高合金鋼の材料を使う必要があります。

　ISO 13709 および API 610 に、主な取扱液に対して推奨材料を記述していますが、購入者が材料を指定するのが最善です。購入者が過去に、実際に使用したことがある材料で問題のない材料であれば、その材料を使うようにポンプメーカへ指定するのが最善なのです。

（6） スラリー混入または析出

　ここでいうスラリーとは、ポンプ内に混入してポンプを摩耗させる成分のことをいいます。スラリーが混入する場合、摩耗に対して強い構造のポンプを選定します。ポンプの接液部品の形状も単純にするのがよいのですが、なかなかそうは設計できません。構造で対応する場合は、羽根車はセミオープン形またはオープン形にします。材料で対応する場合は、表面が硬い材料、または柔らかいゴムなどの材料を使います。ポンプの回転速度はできるだけ低くします。

　また、軸封にも注意する必要があります。軸封がグランドパッキンでもメカニカルシールでもスラリーを含んだ液がスタフィングボックス内に入り込まないようにします。

　具体的には、万一液が漏れても危険でないときには、グランドパッキンでもいいのですが、この場合、**図 3-5** に示すように、スロートブッシュをポンプ側に入れて、外部からポンプの取扱液に混じっても問題のない清浄な液で、スタフィングボックス内の圧力よりも高い圧力で外部フラッシングします。このフラッシングはポンプの停止中も必要です。メカニカルシールの場合、**図 3-6** に示すように、シングル形メカニカルシールとし、スタフィングボックスに炭素製などのフローティングリングを入れて、グランドパッキンの場合と同様に、外部からポンプの取扱液に混じっても問題のない清浄な液で、スタフィングボックス内の圧力よりも高い圧力で外部フラッシングします。ポンプの停止中もフラッシングは必要です。

　万一、液が漏れたら危険なときには、**図 3-7** に示すように、ダブル形メカニカルシールを使用します。そして、外部からポンプの取扱液に混じっても問題のない清浄な液で、スタフィングボックス内の圧力よりも高い圧力で外部フラッシングし、また、ポンプの停止中もフラッシングするのはシングル形メカニカルシールと同じです。

　どのような軸封にするかは、ポンプメーカが決めることではなく、購入者が指定する必要があるのです。どのような用途か、ポンプの周囲が

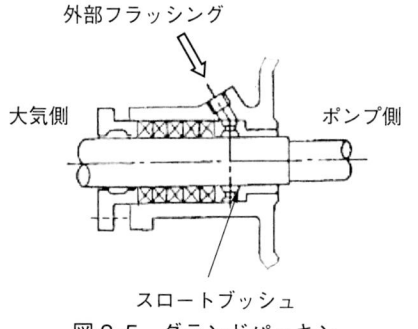

図 3-5　グランドパッキン

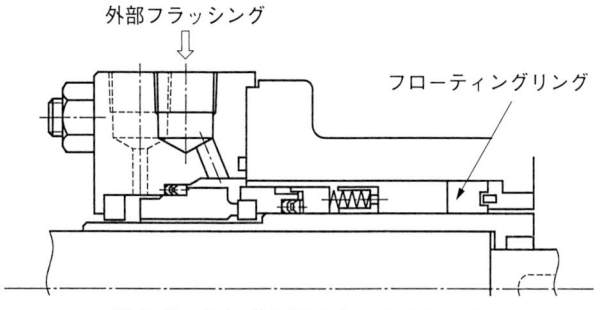

図 3-6　シングル形メカニカルシール

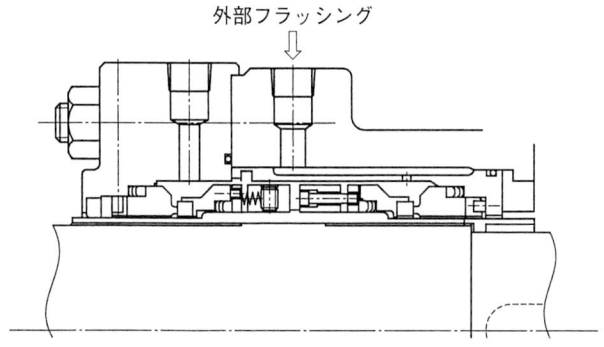

図 3-7　ダブル形メカニカルシール

どのような状況になっているかなどを知っているのは購入者だからです。
　次はスラリーの析出についてです。液にせん断力が働くと結晶化してポンプを摩耗させる場合、ある温度以下になると固体化する液の場合などがあります。せん断力が働くと結晶化する液体の場合、ポンプの接液部表面を研磨してせん断力を低減します。ある温度以下になると固体化する液体の場合には、ケーシング外表面を加温または保温して、固体化する温度に下がらないような対策が必要になります。軸封については、スラリーが混入する場合と同様です。

（7）　硫化水素

　硫化水素が混入する場合、応力腐食割れを防止するための対策が必要になります。オーステナイト系ステンレス鋼などは問題ありませんが、炭素鋼を使用するときは、材料の硬さを低くし、かつ降伏点も低く抑えます。
　「NACE MR0175」または「ISO 15156」という世界的な規格の中に、材料ごとにどのように対応するか、詳しく規定しているので必要に応じて参考にしてください。

（8）　液温

　ポンプの取扱液が高温であれば、軸受、スタフィングボックスおよびペデスタルを冷却する必要があります。何℃以上から冷却が必要になるかは、ポンプメーカによって基準が異なっています。購入者からみれば冷却はしない方がよく、ポンプメーカからみれば安全のため冷却を推奨したくなります。
　ポンプの取扱液が低温であれば、取扱液が気化しないように注意します。液が気化すると空気層ができ、空気は上方へ移動します。ポンプの始動前に空気は取り除く必要があるので、気化しやすい液を扱うポンプには、空気抜きが容易な立形ポンプが多く使われます。ただし、ポンプは高価格になります。

次に、冷却が必要な場合の水冷構造を示します。軸受ハウジングの水冷構造を**図 3-8** に示します。同図において、軸受ハウジングの外周に水冷室カバーを取り付けて、水冷ジャケットを形成します。そして、**図 3-9** に示す水冷配管を付属して冷却水を供給します。この配管系統を図

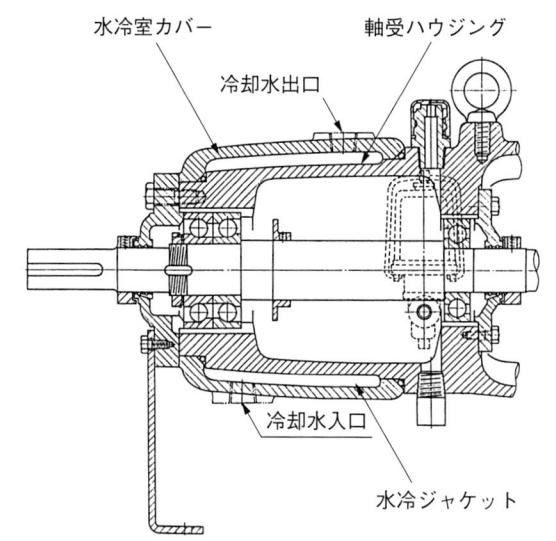

図 3-8 軸受ハウジングの水冷構造

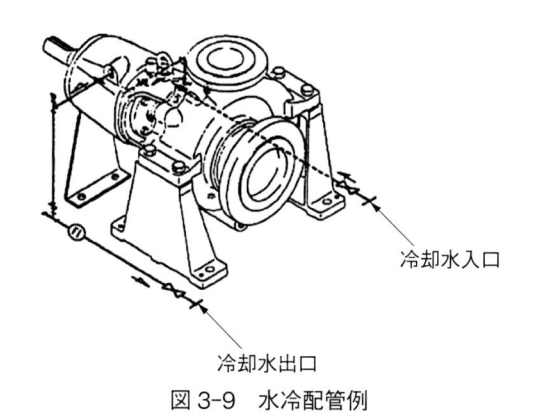

図 3-9 水冷配管例

3-10 に示します。水冷ジャケットへの冷却水は、水冷ジャケットの下側から入れて上方から出します。スタフィングボックスの水冷構造は、**図3-11**に示すように、ケーシングカバーを使って水冷ジャケットを形成します。水冷配管などは、軸受ハウジングの水冷と同様です。また、軸受ハウジングとスタフィングボックスの両方を水冷する必要がある場合には、図3-9に示す冷却水入口および冷却水出口は、それぞれ1箇所とし、配管で分岐してそれぞれに冷却水を供給します。

軸受ハウジングの水冷では、転がり軸受もすべり軸受もサイズが大きかったり回転速度が高かったりすると、摩擦損失が大きくなるために、液温が低くても水冷することがあります。

中東など冷却水がない場合には、**図3-12**に示すような「ファンクーリング」で軸受ハウジングを空冷することがあります。主軸端に家庭で使う扇風機のような羽根を付けて、その外周にファンカバーを設けます。空気は同図の左側から吸い込まれ、ファンカバーを案内にして軸受ハウジングの外周を冷却します。

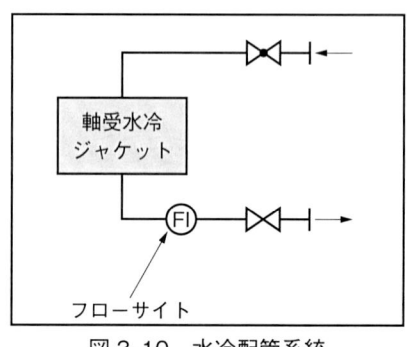

図 3-10　水冷配管系統

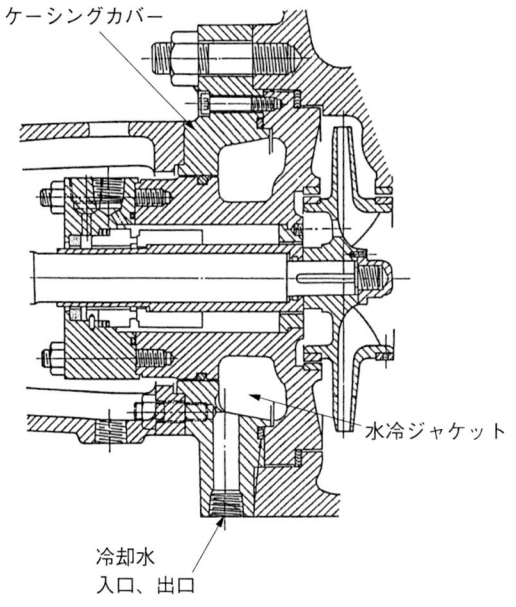

図 3-11　スタフィングボックスの水冷構造

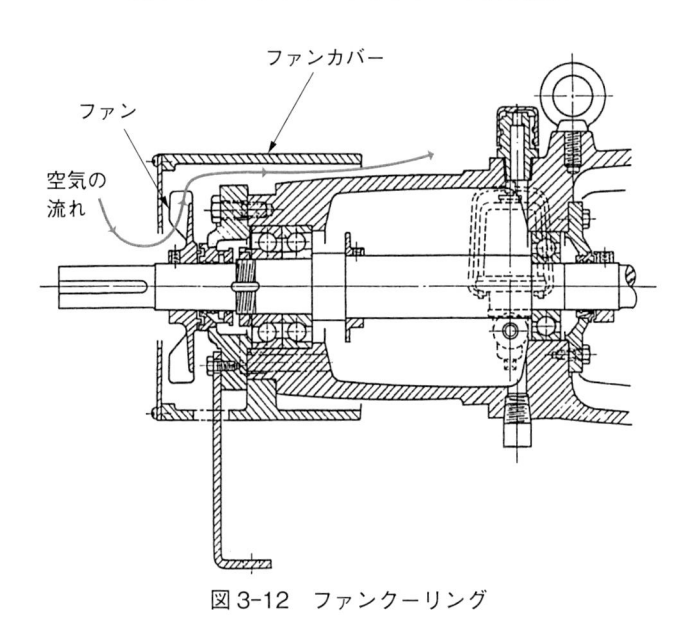

図 3-12　ファンクーリング

3-2 規定吐出し量、最大吐出し量、最小吐出し量

（1） 用語の定義

①規定吐出し量：購入者が指定しポンプメーカが承知した吐出し量である。性能試験の判定のときの吐出し量になる。

②最大吐出し量：ポンプが運転可能な最大の吐出し量である。

③最小吐出し量：ポンプが運転可能な最小の吐出し量である。通常は「ミニマムフロー」と呼んでいる。

これら3者の関係は**図3-13**に示すようになります。同図において、

Q_{BEP}：最高効率点の吐出し量

Q_{MAX}：最大吐出し量

Q_{MIN}：最小吐出し量

を示します。規定吐出し量は最大吐出し量 Q_{MAX} と最小吐出し量 Q_{MIN} の間に入るようにポンプは選定されます。図3-13に、振動および温度上昇

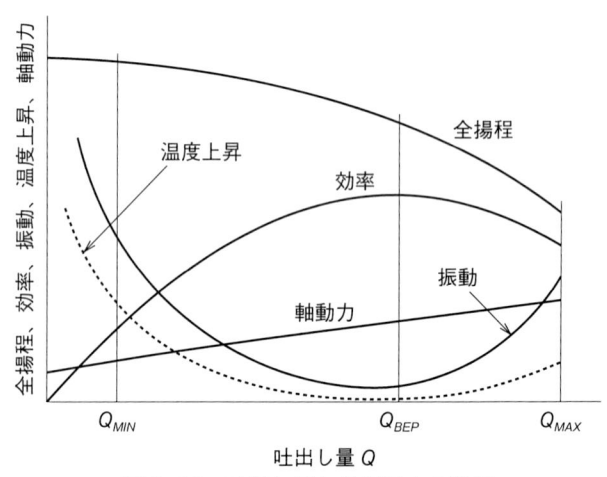

図3-13 吐出し量と性能ほかの関係

の曲線を描いています。振動は最高効率点付近で最小になり、吐出し量が小さいほど、また吐出し量が大きいほど大きくなります。温度上昇は最高効率点付近で最小になり、吐出し量が小さいほど大きくなります。軸動力は比速度 Ns によって傾向は変わるのですが、本図のものは Ns が小さい遠心形のポンプの例になり、吐出し量の増加とともに上昇します。

経験からいうと、3者の関係は次のようになります。

大形ポンプ、高圧ポンプの場合：

$Q_{MAX} ≒ 1.2Q_{BEP}$

$Q_{MIN} ≒ 0.3Q_{BEP}$

小形ポンプの場合：

$Q_{MAX} ≒ 1.4Q_{BEP}$

$Q_{MIN} ≒ 0.15Q_{BEP}$

（2） 購入者の視点からの注意点

規定吐出し量、最大吐出し量および最小吐出し量について説明しましたが、購入者の視点から注意点を列記します。

①過渡的または将来にわたって、最大吐出し量で運転することが考えられる場合、その最大吐出し量を指定し、また駆動機の定格出力をどうするか指定する必要がある。たとえば「最大吐出し量において、モータ定格出力は軸動力に対して10％以上の余裕がある」というように指定する。

②最大吐出し量で運転することが考えられる場合、同様に「NPSHA」が「NPSH3」に対して余裕が必要になる。そのときにも、たとえば「最大吐出し量において、『NPSHA』は『NPSH3』に対して0.6ｍ以上の余裕がある」というように指定する。

③最小吐出し量は、可能な限り指定するのは避ける。これはポンプメーカが振動や温度上昇を考慮して決めているので、その吐出し量をさらに小さくすることはできない。もし、どうしてもポンプメーカのいう最小吐出し量よりも小さいときの運転がある場合には、その吐出し量

を指定する。ポンプメーカは「常時逃がし」などの対策を講ずることになる。「常時逃がし」とは、図 3-14 に示すように、常時逃がし配管を吐出し配管から分岐して取り付けて、吐出し側には規定吐出し量 Q_{rated} 流し、吸込タンクに常時逃がし量 Q_B を戻す運転のことをいう。性能曲線上で説明すると、図 3-15 に示すように、$Q_{rated} + Q_B \geqq Q_{MIN}$ となるように Q_B を決める。

API 610 では、図 3-16 に示すように、規定吐出し量は最高効率点における吐出し量の 80 %から 110 %にするように規定しています。最高効率点を外れた運転をすると、内部流れの乱れや振動の増加などによって、ポンプの寿命が短くなるためです。

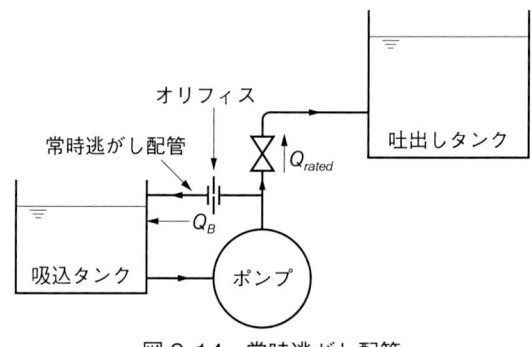

図 3-14　常時逃がし配管

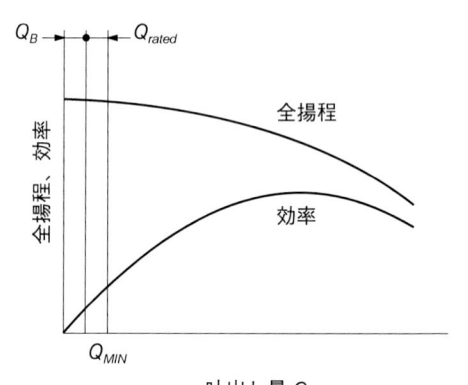

図 3-15　常時逃がしの性能曲線

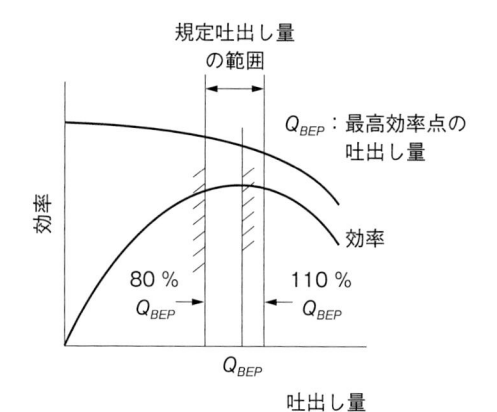

図3-16　API 610の規定吐出し量

豆知識
低価格で保守点検が容易なポンプ

　小流量で高圧力のポンプの需要はかなりあります。この場合、一般には多段ポンプになるのですが、多段ポンプだと高価格で保守点検が大変になります。そこで、小流量で高圧力のポンプを単段ポンプで設計して販売しているポンプメーカがあります。羽根車はオープン形で直径が 400 mm もあり、ケーシングは同心円のボリュートになっています。このようなポンプは、比速度 Ns が 20～30 と極端に小さくなります。そのために、効率は 20～30 ％と低いのですが、多段ポンプと比較して、低価格で保守点検が容易です。

3-3 ● 間欠運転

　間欠運転とは、ポンプの始動、運転および停止を繰り返し頻繁に行う、いわゆる ON-OFF 運転をいいます。ポンプは間欠運転は得意ではありません。一般的なポンプでは、許容回数は１時間当たり数回です。可能であれば避けてほしいのです。どうしても避けられない場合、購入者は仕様書の中に、具体的な頻度、たとえば「１時間に 15 回の間欠運転、24 時間連続で１カ月運転」のように明記します。

　１時間当たり数回を超える間欠運転が指定されれば、ポンプメーカは、主軸の捩れ、キー溝の変形などの強度を確認する必要があります。また、駆動機にモータを使っている場合は、モータを始動するたびにモータの巻線に始動電流が負荷されるので、モータの巻線温度上昇に注意する必要があります。頻繁な間欠運転がどうしても避けることができない場合には、間欠運転回数を指定してポンプメーカと相談します。

3-4 ● 設置場所、ユーティリティ

　ポンプの設置場所が熱帯地方や直射日光が当たって高温になる場合、軸受や潤滑油の温度上昇を抑える対策が必要になります。反対に、極寒で外気温がマイナス 60 ℃にもなる場合には、Ｏリングなどの材料および潤滑油の種類は耐寒性のあるものを選定します。防爆区域に設置する場合、ポンプの材料のうち大気に接しているものは不燃性のものを使い、樹脂など可燃性材料を避ける必要があります。駆動機が電動機でポンプメーカに駆動機も一括で発注する場合、電圧、総数、周波数を指定する必要があります。冷却水、空気源、蒸気源の仕様も必要になるので、ポンプの使用場所で利用できれば、これらの仕様も必ず明記します。

　設置場所についてまとめると、次の仕様が必要です。

①屋内か屋外
②周囲温度の常用、最高および最低
③相対湿度の最高および最低
④防爆区域かどうか、そうである場合防爆クラスなど
⑤海抜の高さ
⑥その他の特殊環境

　ユーティリティについて、次の仕様が必要になります。
①動力用電源と制御用電源それぞれの電圧、相数および周波数
②冷却水の最低と最高の温度と圧力
③冷却水の塩素濃度
④制御用空気の最低と最高の圧力
⑤蒸気の最低と最高の温度と圧力

3-5 ポンプの回転方向

　遠心ポンプでは回転方向が逆になると、本来の性能を発揮できないだけでなく、ねじ部が緩んだりする致命的な問題を起こしてしまう恐れがあります。回転方向に指定があれば「回転方向：駆動機側から見て時計方向」、回転方向に指定がなければ「回転方向：指定なし」などと仕様書に明記するようにして、指定を忘れないようにします。

　ただし、ポンプメーカはそれぞれ独自に回転方向を決めて製造しているので、逆の回転方向を指定された場合、ポンプは製作図を新規で作成して、木型も新規で製作するなど大変な手間とコストがかかってしまいます。使用者にしてみれば、工場内にたくさんのポンプがあって回転方向が統一されていないと管理が大変であるのに加え、トラブルを起こすリスクが高まります。そこで、高価格を覚悟して、使用者は使っているポンプすべてを同一の回転方向に統一するということも1つの選択肢になります。

3-6 ● 吸込ノズルおよび吐出しノズル面

ポンプの吸込ノズルおよび吐出しノズル面は、**図3-17**に示すように、全面座、平面座、はめ込み形などがあります。用途によって適したノズル面を指定すればよいのですが、同表の適用欄に目安を示します。

ケーシングの材料が鋳鉄であれば、相対的に引張強さが低く脆いので、同図にもあるように全面座にします。炭素鋼やステンレス鋼であれば、引張強さが高くなるので気密性のある平面座にし、用途によって他の種類を指定します。リングジョイント座は同表にもあるように、高温高圧に適用しますが、溝に入れるガスケットはOリングなどのゴムではなく、ステンレスやニッケル合金など高温に耐える材料になります。

ただし、購入者の経験から、たとえばケーシング材料がねずみ鋳鉄であっても平面座を指定してもよく、逆に炭素鋼鋳鋼で全面座を指定してもよいのです。そして、そのことを仕様書に明記するのです。

面	名称	略図	適用
FF	全面座 (Flat Face)	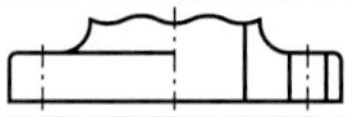	・低圧 ・鋳鉄製フランジ
RF	平面座 (Raised Face)	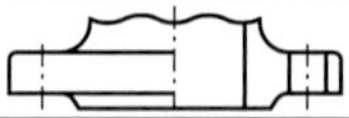	・一般的
MF	はめ込み形 (Male and Female)	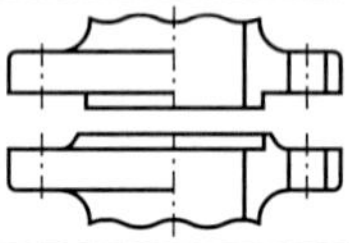	・正確な心出し
TG	溝形 (Tongue and Groove)	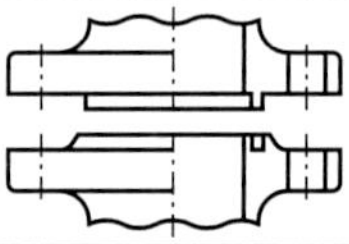	・気密性が高い ・危険な流体用
RJ	リングジョイント座 (Ring Joint Face)	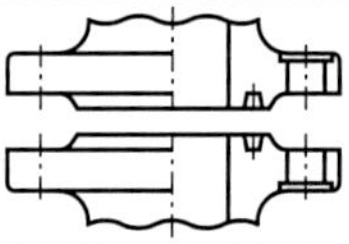	・高温高圧

図3-17　吸込および吐出しノズル面

3-7 ● ノズルレーティング、方向、接続

まず、これらの用語の意味は次のとおりです。
ノズルレーティング：ポンプの吸込口および吐出し口の圧力区分
ノズル方向：ポンプの吸込口および吐出し口の方向
ノズル接続：ポンプの吸込口および吐出し口から接続する方法
それでは、それぞれについて説明します。

（1） ノズルレーティング

ノズルのレーティングはポンプの最高使用圧力、最高使用温度およびケーシング材料によって決まります。その基準になるのが各種のフランジ規格です。主に使用されているフランジ規格には、表3-3に示すように、JIS、ANSI および JPI があります。JPI は石油学会で定めた規格ですが、元は ANSI です。ANSI は寸法をインチで規定しているのですが、JPI はインチを mm に換算して規定しています。したがって、両者は完全に互換性があるので、JPI で指定しても ANSI で指定しても、表記の違いだけで、取付け寸法をはじめ、材料ごとの最高使用圧力と最高使用温度は同一になっています。

適用するフランジ規格は用途によって自由に指定してよいのですが、目安としては次のようになります。

　　JIS：冷却水、汚水用など国内で使用される一般的な用途で、ポンプメーカが国内の場合

表 3-3　フランジ規格

規格	発行元	適用
JIS	日本工業規格	国内一般
ANSI	米国規格協会または米国標準協会	世界的標準
JPI	（公社）石油学会	国内石油化学・石油精製・電力

ANSI：石油化学、石油精製、発電など一般的な用途でない場合、
　　　または一般用途を含め海外のポンプメーカの場合
　　　JPI：石油化学、石油精製、発電など一般的な用途でない場合で、
　　　ポンプメーカが国内の場合

　ここで、「使用」と「設計」の用語について、時々誤って使用されたり誤解されていたりすることがあるので、例を示しながら、触れておきたいと思います。ANSI 300LB フランジの最高使用圧力と使用温度を**図3-18**に示しますが、材料がSCPH2で、使用温度が25℃であれば、最高使用圧力は52 bar になります。言い換えれば、材料がSCPH2であれば、25℃のときでは52 bar までは使用可能です。したがって、使用温度が25℃であれば、最高使用圧力は45 bar と表示してもいいのです。それでは、具体的に例を見てみましょう。

　今、見積りしたいポンプの仕様を次のように仮定します。

　　吐出し量：100 m³/h

　　全揚程：250 m

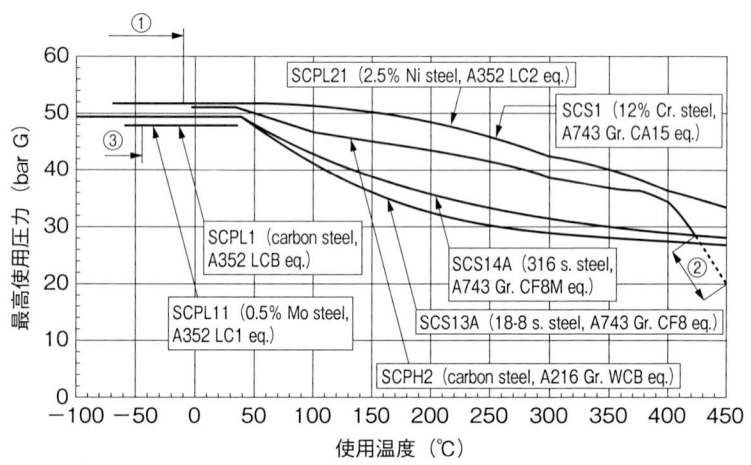

①SCS1 には適用しない
②推奨しない
③SCPL1 には適用しない

図3-18　ANSI 300LB フランジの最高使用圧力と使用温度

液温：25 ℃
密度：1.0 g/cm^3
吸込圧力：5 bar
材料：SCPH2
フランジ：ANSI
その他の仕様：ここでは省略します

　この仕様に対して、あるポンプメーカが**図 3-19** に示す予想性能であるポンプを選定したとします。要項点は 100 m^3/h×250 m で同図に〇印で示します。ミニマムフローは 25 m^3/h とこのポンプメーカは決めているので、ポンプ単独で発生する最大の全揚程は 272 m になります。そして、最高使用圧力は実際にポンプを製造して試験してからでないと確定しません。それでは設計・製造できなくなるので、解決策としていろいろな設計規格で見積り時の想定に対して、実際の試験のときの許容差を規定しています。ここでは、全揚程の許容差を ±5 ％とすると、272 m について許容差の最大 5 ％まで許容できるので、全揚程の最大は次のようになります。

$$272 \times 1.05 = 285.6 \text{ m}$$

そして、単位 bar の圧力に換算して、全圧力を計算すると、

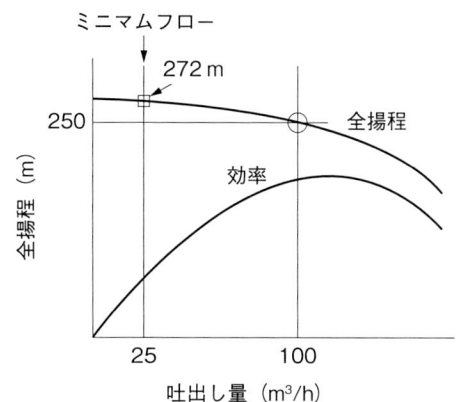

図 3-19　ポンプの予想性能曲線

$$285.6 \times 1/10/1.01972 = 28.01 = 28.1 \text{ bar}$$

になります。つまり、ポンプメーカは実際に試験したときに、この全圧力を超えないようにする必要があります。そして、このポンプに作用する最高使用圧力は、

$$最高使用圧力 = ポンプの全圧力 + 吸込圧力 = 28.1 + 5 = 33.1 \text{ bar}$$

になります。

　このポンプに作用する最高圧力である最高使用圧力は 33.1 bar になります。したがって、ポンプメーカは設計圧力を 33.1 bar にして設計してもいいのです。しかし、将来吸込圧力がもっと高い仕様で、同じポンプで選定できるときに対応するために、ANSI 300LB フランジの最高使用圧力である 52 bar で設計してもいいのです。33.1 bar で設計すると、肉厚の薄いケーシングになるので、52 bar より質量が軽くなるので低コストで製造できます。しかし、将来のもう少し高い圧力になったときには、再度設計して木型も新規で製作してポンプを製造する必要があります。どのような圧力で設計するかは、ポンプメーカの設計指針なのです。したがって、購入者が設計圧力を指定してはいけないのです。

　また、温度についても同じことがいえます。最高使用温度は仕様からわかります。もし購入者がもう少し高い温度でも問題が起こらないように最高許容温度を指定してもよいのですが、設計温度を指定してはいけないのです。例にあるように液温が 25 ℃でも、ポンプメーカは設計圧力と同じように、設計温度を 250 ℃にして設計するかもしれません。いずれにしても、与えられた仕様を満足すればいいのであって、それ以上のいわば過剰な圧力と温度で設計する選択肢は、ポンプメーカにあるのです。

（2）ノズル方向

　ポンプの吸込ノズルおよび吐出しノズルの方向は、「エンド」「トップ」「サイド」およびその他の用語で表示されています。「トップ」は「上」と呼ぶことがあり、「サイド」は「横」と呼ぶこともあります。これらの

用語は、公的な規格で規定されているわけではありませんが、ここでは、「エンド」「トップ」「サイド」ということにします。意味は次のとおりです。

　エンド：主軸方向

　トップ：主軸と直角方向で上向き

　サイド：主軸と直角方向で横向き

吸込ノズルおよび吐出しノズルの両方があるポンプの場合、ノズル方向は「吸込」-「吐出し」の順にいいます。たとえば、図 3-20 に示すポンプは吸込がエンド、吐出しがトップなので、「エンド-トップ」といいます。図 3-21 示すポンプは「サイド-サイド」、図 3-22 示すポンプは「トップ-トップ」になります。

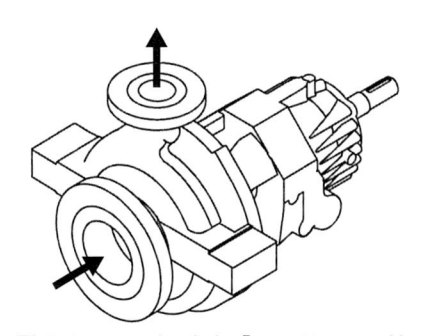

図 3-20　ノズル方向「エンド-トップ」

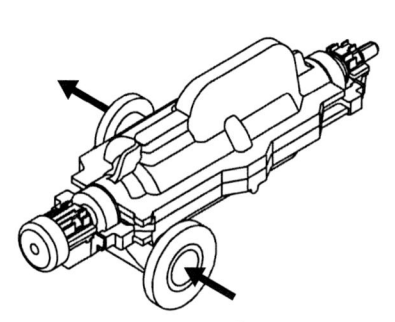

図 3-21　ノズル方向「サイド-サイド」

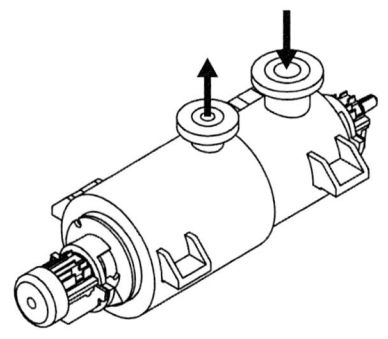

図 3-22　ノズル方向「トップ-トップ」

図3-20に示す「エンド-トップ」のポンプは分解および組立などを容易にできるように考えたノズル方向になっています。図3-21示す「サイド-サイド」のポンプは分解して回転体を取り出しやすくするために、ケーシングは上下割りになっていて、吸込ノズルと吐出しノズルは下のケーシングに一体で取り付けられています。図3-22示す「トップ-トップ」のポンプは気化しやすい液に使用することが多いために、空気が抜けやすいよう「トップ-トップ」にしているのです。このようにポンプメーカでは使用者が使用しやすいように、ノズル方向を決めているので、ノズル方向の指定は避け、できるだけ指定しないでポンプメーカの標準的な方向にした方がいいと思います。

（3）　ノズル接続

　ポンプはポンプメーカで製造後、据付け現場に発送されて、プラントの中などに組み込まれます。ポンプの吸込ノズルおよび吐出しノズルには、それぞれ吸込配管および吐出し配管が接続されます。ここでいうノズルの接続は、ポンプメーカと購入者との取合い箇所の接続方法のことをいいます。また、このような取合い箇所は、ドレン、ベント、フラッシング配管など小配管のノズルにもあります。ここでは、ポンプの吸込口および吐出し口のノズルとドレン、ベント、フラッシング配管など小配管のノズルの2つを取りあげます。

　まず、ポンプの吸込口および吐出し口のノズルについてです。ノズルのレーティングが指定されたら、当然そのレーティングに合致させます。たとえばJISフランジを指定されたら、材料、圧力および液温からJIS 20K RFとなったとすれば、購入者との取合い箇所のポンプ側はJIS 20K RFにします。このことは、ポンプメーカは受注後に承認用図面として購入者に事前に提出するので、据付け工事前に確認して配管設計ができます。

　次に、ドレン、ベント、フラッシング配管など小配管のノズルです。たとえばドレンが「プラグ止め」であれば、ケーシングドレンのノズル

はプラグ止めされるので、購入者との取合い箇所はありません。ドレンが「弁＋フランジ止め」となれば、ケーシングドレンのノズルに配管、弁を付けて、その先にさらに配管し最終端にフランジを付けます。このときは購入者との取合い箇所はフランジになり、ポンプのケーシングとサイズは異なりますがレーティングは同じになります。ベント、フラッシング配管などもドレンと同様で、購入者の仕様に合わせて施工されます。

　ケーシングに接続するドレン、ベント、フラッシングなどにおいて、必要に応じて、さらにケーシングへの接続方法および取合い部でない箇所の接続方法を指定します。この接続方法には、図 3-23 に示す、ねじ込み、ねじ込みしてシール溶接、ソケット溶接などがあり、小配管ではこれらの他に、差込み溶接も指定されることがあります。

接続方法	接続方法名称	略図	適用
SO	差込み溶接 (Slip-On Flange)	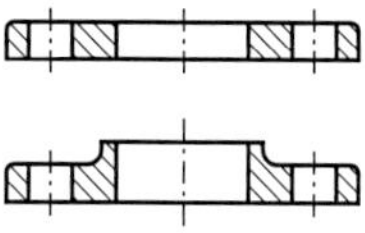	・低圧配管
SW	ソケット溶接 (Socket Weld Flange)	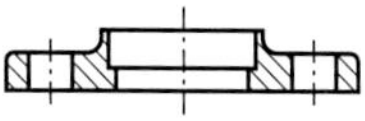	・プロセス配管
WN、BW	突合せ溶接 (Weld Neck Flange)	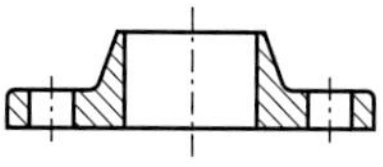	・高圧配管 ・信頼性高い
TR	ねじ込み (Threaded Flange)	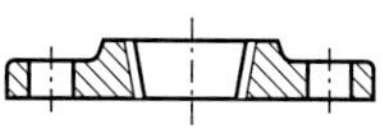	・低圧配管 ・常温

図 3-23　接続方法

3-8 ● 軸受形式、軸受潤滑方式

　軸受にはどのような形式があってどのような特徴があるのか、また軸受の潤滑方式についてもさまざまな方式を第2章で詳しく解説しました。ここでは、購入者が何を基準にして、軸受形式および軸受潤滑方式を指定したらよいかについて述べます。

（1） 購入のポイント
　主に考慮する項目は次の4つです。
①寿命
②メンテナンスの容易さ
③管理の容易さ
④価格

　寿命が長いか短いかの判断の基準に軸受温度があります。1台のポンプを使って潤滑方式を変えて、軸受ハウジング外表面の温度上昇値を測定した結果を図3-24に示します。試験したポンプは「エンド-トップ」の単段で、2極60Hz、周囲温度は43℃の一定に保持しながら、スラスト軸受部の軸受ハウジング外表面の温度上昇値を測定して同図に書いています。「オイルフリンガ」、「オイルリング」および「オイルリング＋ファンクーリング」はいずれも「オイルバス」になっています。同図の結果から、次のことがわかります。

（2） 温度上昇値での選択
①「ファンクーリング」の効果は5Kである。
②「オイルミスト」は温度上昇値が最低になっている。
③「オイルリング」は「オイルフリンガ」より顕著な効果がある。
　ポンプの大きさや回転速度が変われば、温度上昇値は変わりますが、潤滑方式による相互の関係は成り立つと考えられます。そうであれば、

オイルミストによる潤滑方式が最善なのですが、この方式はオイルミスト発生器が必要になります。「オイルリング＋ファンクーリング」はポンプだけでできる潤滑方式なので簡便です。

　メンテナンスの容易さから、グリス密封式の軸受がいいのですが、寿命が「オイルバス」よりも短くなります。しかし、グリス密封式の軸受は管理の点から見れば、日常のオイル管理を省くことができるので管理しやすい軸受になります。「ファン」については、何の管理も必要ないので有効ですが、ポンプメーカは「ファン」を付けるようにポンプを設計していないので、指定するとコスト高になります。

　これらを総合的に勘案すると、次の順番が最善であると考えます。
①グリス密封式転がり軸受
②転がり軸受でグリス潤滑
③転がり軸受でオイルバス
④すべり軸受でオイルバス

温度上昇値（K）

オイルフリンガ	オイルリング	オイルミスト	オイルリング＋ファンクーリング
47	39	33	34

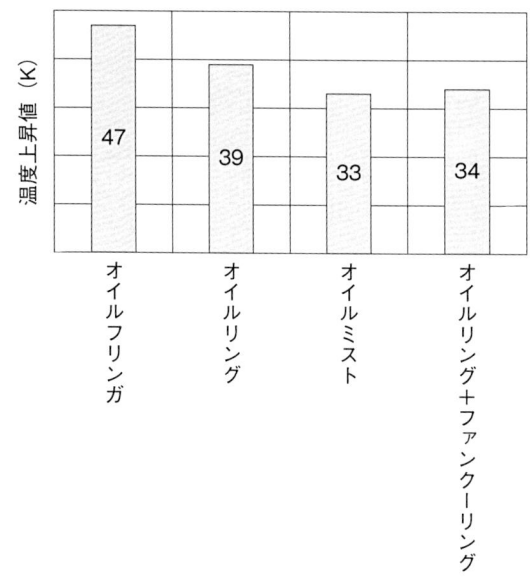

図3-24　温度上昇値

3-9 ● ケーシングボリュート、ディフューザ

　羽根車に作用するラジアルスラストは、第2章で説明したように、シングルボリュート、ダブルボリュート、ディフューザの順に軽減量は大きくなります。つまり、この順にラジアルスラストは小さくなるので信頼性は上がるのですが、価格では逆に高くなります。

　購入者はいずれを指定してもいいのですが、ポンプメーカが決めて性能などを保証しているので、ポンプメーカに任せるのがよいと考えています。まれに、シングルボリュートでなくダブルボリュートを指定する購入者がいます。シングルボリュートのポンプをダブルボリュートに変更すると、効率が低下します。

豆知識　ケーシングの肉厚計算

　ケーシングの肉厚は、従来から JIS B 8265 や ASME BPVC Section VIII-1 などにしたがって「円筒胴」として計算して決めてきています。この計算式は電卓で簡単に計算できるので、大変便利です。しかし、ケーシングはたしかに円筒胴に近いのですが、厳密にいうと円筒胴ではありません。ポンプの分野に限りませんが、近年はコンピュータによる解析精度が向上してきて、構造解析や振動解析などに多用されるようになってきています。そのため、ポンプの肉厚計算は、API 610 ではコンピュータによって計算することを認める可能性があります。

3-10 ● ケーシング支持

　ケーシングは駆動機とともに共通ベースと呼ばれる台板上に設置されます。ケーシングを共通ベースに設置するためには、**図 3-25** および **図 3-26** に示す脚支持と **図 3-27** および **図 3-28** に示す中心支持の2種類あります。一般には150℃以上の高温液を取扱うポンプでは中心支持のケーシングにします。高温液の場合、ポンプのケーシングも高温になって、吸込ノズルおよび吐出しノズルが熱膨張して組立て時のノズル位置がずれるのですが、中心支持にすることによってずれを最小限にするのです。

　脚支持と中心支持の他にもう1つあります。15～16頁の図1-9および図1-10に示す方式で、ブラケット支持というものです。軸受ハウジングに一体で支持する脚が付いています。ブラケット支持は軸受を強固に支えるのですが、運転後何らかの理由でポンプを分解するときに、ポン

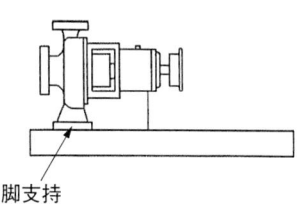

図 3-25　脚支持のケーシング

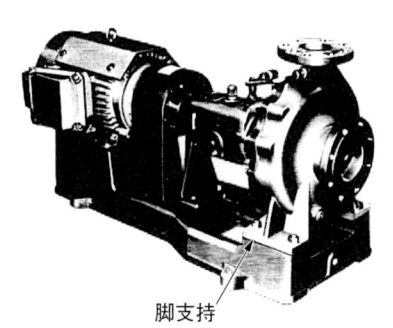

図 3-26　脚支持のケーシング

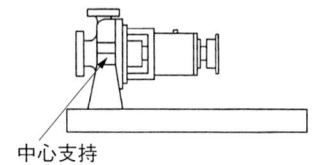

中心支持
図 3-27　中心支持のケーシング

中心支持
図 3-28　中心支持のケーシング

プの吸込配管と吐出し配管を外さないと分解できないということがあります。ポンプの吸込配管と吐出し配管を外さなくても分解できる方式は、図 1-1（11 頁参照）などに示すバックプルアウトと呼ばれるものです。ケーシングカバーのボルトを外すと、吸込配管と吐出し配管はケーシングに付いたままで、ポンプを引き出すことができます。また、スペーサ付きカップリングにすると、モータも動かさずにポンプを引き出すことができます。

　このようにポンプを引き出すときに、ブラケット支持は小さく軽いポンプではそれほど面倒ではないのですが、大きいポンプではバックプルアウトの方式が優れています。ポンプの価格だけでなく、メンテナンスを考慮して、「バックプルアウト＋スペーサ付きカップリング」を指定するのも 1 つの選択肢です。

3-11 ● カップリング形式

　駆動機とポンプを直結するには、何といっても「フレキシブル」カップリングが優れています。JIS にある「フランジ形たわみ軸継手」もありますが、高トルクも伝達可能な金属製の薄い板を重ねた「ディスクカップリング」もあります。汎用ポンプでは「フランジ形たわみ軸継手」などが一般的ですが、産業用ポンプでは「ディスクカップリング」も使われることがあります。API ポンプでは、「ディスクカップリング」にする必要があります。

3-12 ● 共通ベース

　設置する場所がモルタルの基礎面か、溝形鋼の上になるのかによって、共通ベースの材料と強度が変わります。モルタルの基礎面に設置する場合、共通ベースの材料はねずみ鋳鉄または炭素鋼の溝形鋼に板を溶接したものになり、共通ベースの空間には無収縮性モルタルを充填します。一方、溝形鋼の上に設置する場合には、共通ベースの空間にモルタルを充填できないために、溝形鋼に板を溶接して剛性を高めるために、かなり大きい溝形鋼を使用します。
　したがって、設置する場所を購入者は指定する必要があります。

3-13 ● 軸封形式

　軸封には主に、グランドパッキンとメカニカルシールがあります。メカニカルシールはさらにバランス形とアンバランス形、また、シングル形、タンデム形およびダブル形に別れます。これも購入者が指定します。

3-14 ● 計装品

　圧力計、圧力スイッチ、吸込ストレーナ、漏洩検知器などの計装品が必要な場合、付属品名に加え、できれば計装品メーカおよび形式を指定します。指定しないと希望のものでない場合があります。また、電気信号を使う計装品に対しては入力方法も指定します。

　計装品は付属するとそれなりの管理も必要になります。付属したから絶対安全だとはいえません。

　安全を確保するためには、計装品が故障したときの対策も検討しておく必要があります。

3-15 ● 検査および試験

　どのような検査および試験をポンプメーカに要求するか、見積り仕様書の中に指定する必要があります。主な検査および試験項目について、**表 3-4** に列記します。

　ポンプの重要度などを考慮して項目を検討します。また、ポンプメーカへ出向いて立ち会うかどうかも事前に指定します。

　検査や試験によって、ポンプそのものが変わるわけではありません。検査や試験を行うことで、材料の補修をしたり不具合を修正したりできるので、信頼性が高まるのです。材料検査のうち、特に重要になるのが耐圧部品であるケーシングやケーシングカバーの非破壊検査です。非破壊検査の項目と内容について、参考として API 610 規格の一部を**表 3-5** に紹介します。

表 3-4 検査および試験内容

No.	検査および試験項目	内容他
1	材料検査	主要部品について、熱処理記録、機械的性質および化学的成分を検査する。俗に「ミルシート」と呼ぶ。
2	非破壊検査	VI：目視、RT：放射線、MT：磁粉探傷、UT：超音波探傷、PT：浸透探傷などがある。
3	水圧試験	ケーシングなどの耐圧部品に適用する。
4	動的釣合試験	羽根車などの回転体について行う。
5	外形寸法検査	外形寸法図にしたがって、実測して確認する。
6	性能試験	性能曲線にしたがって行う。
7	NPSH3試験	性能曲線にしたがって行う。
8	機能試験	軸受温度、振動、メカニカルシール漏れ、騒音などを測定する。
9	連続運転試験	定格点で4時間以上運転し、機能などを確認する。
10	開放検査	ポンプを分解して内部の当たりを確認する。
11	出荷検査	防錆、塗装、梱包、表示、予備品などを確認する。

表 3-5 非破壊検査

部品	クラス－I	クラス－II	クラス－III
適用	最低限	最高作用圧力が最高許容圧力の80％以上で、かつ200℃以上。	密度が0.5未満、または200℃を超えて密度が0.7未満、または260℃を超える。
ケーシング-鋳造	VI	VI＋MT または VI＋PT で重要部。	VI＋MT または VI＋PT で重要部、これに加え RT または UT で重要部。
ケーシング-鍛造	VI	VI＋MT または VI＋PT で重要部。	VI＋MT または VI＋PT で重要部、これに加え UT で重要部。
ケーシングノズル-溶接	VI＋MT または VI＋PT で全面	VI＋MT または VI＋PT で全面。	VI＋MT または VI＋PT で全面、これに加え RT で全面。
配管の溶接部	VI	VI＋MT または VI＋PT。	VI＋MT または VI＋PT で全面。
内面	VI＋5％RT	VI＋100％MT または VI＋100％PT、これに加え 5％RT。	VI＋100％MT または VI＋100％PT、これに加え 10％RT。

第4章

ポンプの材料

　構成部品の材料を何にするかは、トラブルを回避してポンプを長持ちさせるために重要なことです。材料は使用した実績のあるものを選定するのが最善です。ここでは、材料の選定指針として、50年以上の実績に基づいて改定してきた「API 610の指針」を参考として紹介します。

ポンプは圧力容器の1つなので、圧力に耐える材料にする必要があります。また、ポンプは圧力容器であると同時に、回転機械でもあるので、動的な荷重やモーメントにも耐える必要があります。ポンプの材料は、液に接する接液部と、液に接しない非接液部とで選定が異なります。接液部は圧力に耐えるとともに、液の腐食や摩耗に対して問題のない材料を選定する必要があるからです。

　ケーシングと羽根車は複雑な形状をしているので、材料としては鋳物が一般的ですが、汎用ポンプでは射出成形したプラスチックやステンレス板をプレスして溶接したものも使用されています。主軸は細長いので鋼材を機械加工したものを使用しています。

　それでは、液に対してどのような材料を選定すればいいのでしょうか。材料の選定指針として、「API610」に載っているものを参考として**表 4-1**に示します。同表には、液名と液温に対して材料クラスが記載されています。そして、材料クラス別に構成部品の材料がかなり詳細に規定されていますが、**表 4-2**には、ケーシング、羽根車および主軸の材料だけを抽出して示します。

表 4-1　材料の選定指針

液名	液温（℃）	材料クラス
清水、復水、冷却塔循環水	t＜100	I-1、I-2
沸騰水	t＜120	I-1、I-2
	120≦t≦175	S-5
	175＜t	S-6、C-6
ボイラ給水-水平割り	95＜t	C-6
ボイラ給水-二重胴	95＜t	S-6
ボイラ循環水	95＜t	C-6
汚染水、炭化水素を含む水	t＜175	S-3、S-6
	175＜t	C-6

※

		※
プロパン、ブタン、液化石油ガス、アンモニア、エチレン、低温液	t＜230	S-1
	－46＜t	S-1（低温材）
	－73＜t	S-1（低温材）
	－100＜t	S-1（低温材）
	－196＜t	A-7、A-8
ディーゼル油、ナフサ、灯油、潤滑油、燃料油、原油、アスファルト	t＜230	S-1
	230≦t≦370	S-6
	370＜t	C-6
腐食性のない炭化水素	230≦t≦370	S-4
キシレン、トルエン、ベンゼン	t＜230	S-1
炭酸ナトリウム	t＜175	I-1
水酸化ナトリウム	t＜100	S-1
	100＜t	Ni-Cu 合金
海水	t＜95	協議による
サワー水	t＜260	D-1
電解水、地層水、塩水	t＜450	D-1、D-2
スラリー油	t＜370	C-6
炭酸カリウム	t＜175	C-6
	t＜370	A-8
MEA、DEA、TEA-貯蔵液	t＜120	S-1
DEA、TEA-吸収液	t＜120	S-1、S-8
MEA-CO_2 吸収液	80≦t≦150	S-9
MEA-CO_2、H_2S 吸収液	80≦t≦150	S-8
MEA、DEA、TEA-高濃度液	t＜80	S-1、S-8
硫酸　濃度85％以上	t＜38	S-1
硫酸　濃度85％未満	t＜230	A-8
フッ化水素酸　濃度96％以上	t＜38	S-9

第4章●ポンプの材料

表 4-2　主要部品の材料

材料クラス	ケーシング	羽根車	主軸
I-1	ねずみ鋳鉄	ねずみ鋳鉄	炭素鋼
I-2	ねずみ鋳鉄	青銅鋳物	炭素鋼
S-1	炭素鋼鋳鋼	ねずみ鋳鉄	炭素鋼
S-3	炭素鋼鋳鋼	ニレジスト鋳鉄	炭素鋼
S-4	炭素鋼鋳鋼	炭素鋼鋳鋼	炭素鋼
S-5	炭素鋼鋳鋼	炭素鋼鋳鋼	クロムモリブデン鋼
S-6	炭素鋼鋳鋼	13%クロム鋳鋼	クロムモリブデン鋼
S-8	炭素鋼鋳鋼	316ステンレス鋳鋼	316ステンレス鋼
S-9	炭素鋼鋳鋼	銅ニッケル合金鋳物	銅ニッケル合金
C-6	13%クロム鋳鋼	13%クロム鋳鋼	13%クロム鋼
A-7	オーステナイト系ステンレス鋳鋼	オーステナイト系ステンレス鋳鋼	オーステナイト系ステンレス鋼
A-8	316ステンレス鋳鋼	316ステンレス鋳鋼	316ステンレス鋼
D-1	二相ステンレス鋳鋼	二相ステンレス鋳鋼	二相ステンレス鋼
D-2	スーパー二相ステンレス鋳鋼	スーパー二相ステンレス鋳鋼	スーパー二相ステンレス鋼

4-1 ● 水を扱うポンプの材料

　表4-1によると、水で高温でないときは、ねずみ鋳鉄などを適用できるのですが、数十年のように長期間使用するポンプでは、接液部の材料は表4-2に示す材料クラス「C-6」が最善です。しかし、この材料は高価なので、ある程度寿命が短くなることを覚悟して、ねずみ鋳鉄、青銅鋳物、炭素鋼などを使用することになります。

　また、プラスチック製ポンプやプレス製ポンプも水を扱う場合、よく使用しています。プラスチック製ポンプは、膨潤してもポンプ内部で異常な当たりが発生しないように、すき間を大きくしているために効率は

低いです。プレス製ポンプは経年変化によってケーシングや羽根車が変形します。両者のポンプは価格が安いので、性能低下などの不具合があっても修理して再使用することはあまりありません。

　100℃を超える水の場合、ねずみ鋳鉄や炭素鋼が浸食するという問題があります。そのため、表4-1に示す材料の選定指針の中で、水を扱う材料クラスが「C-6」に改正される可能性があります。

4-2 ● 海水を扱うポンプの材料

　海水を扱うポンプの材料は、ねずみ鋳鉄、青銅鋳物、アルミニウム青銅鋳物、炭素鋼、18% Cr-8% Niステンレス鋼、二相ステンレス鋼、ハステロイ（商品名）、チタンなど多くの材料が使われています。また、ねずみ鋳鉄など安価な材料にして、耐海水塗装をして使用する場合もあります。このように、いろいろな材料を使用しているのは、海水の腐食性が国や地域によって異なることによるのですが、同じ地域でも海水温度差や年とともに腐食性が変わってくるということにも起因するのです。

　したがって、海水に対してはどの材料が適しているとは言い切れません。そのために、材料の選定は購入者の実績、つまり今までに使用した材料で問題のなかった材料を、購入者がポンプメーカに指定するのが一番いい方法になります。購入者で実績がない場合、ポンプメーカが似たような地域で使用した実績の材料を推奨することになります。しかし、材料の価格は安いものから高いものまであるので、購入者とポンプメーカが協議して合意することは、そう簡単ではありません。

> **チェックポイント**　材料の選定は購入者の実績、つまり今までに使用した材料で問題のなかった材料を、購入者がポンプメーカに指定するのが一番いい方法です。

第4章 ● ポンプの材料

4-3 ● 化学液を扱うポンプの材料

　化学液の場合、海水とは違い比較的成分がはっきりしているので、購入者やポンプメーカの実績に基づいて材料が選定されます。また、使用実績がないときでも、市販されている耐食表などによって適正な材料を探し出すことができます。

　液の中に塩素や硫化水素などの成分が混入しているとき、温度が下がると結晶化する液のときなどは注意する必要があります。

4-4 ● 構成部品の材料

　前に述べた材料は、ケーシング、羽根車、主軸など接液部の材料です。他に接液部の部品として、ケーシングカバー、軸スリーブ、メカニカルシールカバー、ライナリング、インペラリング、インペラナット、スロートブッシュなどがあります。鋳造にするか棒材の加工にするかは別として、基本的には接液部の材料と同類の材料にします。

　具体的には、ケーシングカバー、ライナリングおよびスロートブッシュはケーシング材料、インペラリングとインペラナットは羽根車材料とそれぞれ同類の材料にします。軸スリーブとメカニカルシールカバーは、ケーシング材料が炭素鋼であっても、耐食性の高い 18% Cr-8% Ni ステンレス鋼にしています。

　それでは、軸受ハウジングなど非接液部の材料はどうすればいいのでしょうか。これらの材料は液に対する腐食性を考慮する必要はないので、強度などが十分あれば、どのような材料でもいいのです。一般的には、軸受ハウジングと軸受カバーはねずみ鋳鉄、軸受支柱や吊り金具は炭素鋼を使用します。ただし、大気中で腐食しないように塗装はしています。

第5章

ポンプの据付けと試運転

ポンプを設置する基礎面に、どのような荷重が作用するかを考えます。また、据付けの方法、始動時の空気抜き方法をポンプの形式ごとに紹介します。そして、ポンプの逆回転を避けるために、ポンプの回転方向を確認するための具体的な方法を解説します。

5-1 ● ポンプによる基礎の荷重

　ポンプから基礎にどのぐらいの荷重がかかるのでしょうか。その前にまず、どのような荷重があるのか考えてみます。

　荷重としてあげられるのは、**表 5-1** に示すように、ポンプ、駆動機および共通ベースの質量、回転体の振動による加振力、配管荷重、配管モーメント、吸込配管と吐出し配管の質量、ポンプ内と配管内の液体の質量などになります。また、地震のときには、これらの荷重にさらに加速度による荷重が加算されます。それでは、各荷重についてみていきましょう。

（1）　ポンプ、駆動機および共通ベースの質量
　ポンプメーカから提出されるデータシートや外形図に値が示されています。

表 5-1　ポンプの基礎荷重

No.	荷重の種類
1	ポンプの質量
2	駆動機の質量
3	共通ベースの質量
4	回転体の振動による加振力
5	ポンプ内の液の質量
6	ポンプ内の液の運動量変化による荷重
7	配管荷重
8	配管モーメント
9	吸込配管と吐出し配管の質量
10	吸込配管と吐出し配管内の液の質量
11	配管サポートによる荷重軽減

（2） 回転体の振動による加振力

　ポンプの主軸や羽根車など回転する部品が振動することによって発生する荷重を、ここでは「加振力」と称します。ポンプメーカに加振力がいくらになるかを要求すると値が提出されます。一般に、加振力は片振幅を半径として振れ回る遠心力として、次の式で計算します。

　　$F = mr\omega^2$
　　　　m：回転体の質量（kg）
　　　　r：振動の片振幅（m）
　　　　ω：角速度（rad/s）$= 2\pi N/60$
　　　　N：回転速度（$\min^{-1}$）

　計算例を示しましょう。たとえば、回転体の質量 $m = 50$ kg、回転速度 $N = 2960$ $\min^{-1}$ とします。JIS B 8301 によると、振動基準値として全振幅は 0.032 mm とあるので、振動の片振幅 r はその半分の 0.016 mm とします。これで、具体的数値を使って計算できます。

　　$\omega = 2 \times \pi \times 2960/60 = 310$ rad/s
　　$F = 50 \times (0.016/1000) \times 310^2 = 76.9$ kg-m/s^2 = 7.8 kg

この結果からわかるように、回転体の振動による加振力は回転体の質量と比較して、非常に小さくなります。

（3） ポンプ内の液の質量

　ポンプメーカから提出されるデータシートや外形図に、ポンプの内容積が示されています。液の質量は、内容積と液の密度の積になります。

（4） ポンプ内の液の運動量変化による荷重

　たとえば、「エンド-トップ」のポンプの場合、ポンプが運転中、液は軸方向で水平方向から流入し、上方向に吐き出されます。これを運動量の変化としてとらえると、吸込からある流速をもった液がポンプ内で方向を 90°変えているわけです。すなわち、水平方向に流速をもった液は吐出しでは水平方向の流速がなくなっているので、運動量が水平方向に

第 5 章 ● ポンプの据付けと試運転

155

おいて変化しています。これを計算式で示すと次のようになります。

$F_v = \rho Q V_1 - \rho Q V_2$

F_v：運動量の変化（kg）
ρ：液の密度（kg/m^3）
Q：運転点の吐出し量（m^3/s）
V_1：吸込口の流速（m/s）
V_2：吐出し口の流速（m/s）

計算例で説明しましょう。吸込口径 100 mm、吐出し口径 80 mm で 130 m^3/h で運転中のポンプにおいて、液の密度 $\rho = 1$ g/cm^3 と仮定します。

水平方向の流速　$V_1 = 130/(60 \times 60)/(\pi/4 \times 0.1^2) = 4.6$ m/s
水平方向の流速　$V_2 = 0$

$F_v = \rho Q V_1 - \rho Q V_2 = \rho Q V_1 = 1000 \times 130/(60 \times 60) \times 4.6$
$= 166$ kg-m/s$^2 = 16.9$ kg

したがって、この「エンド-トップ」のポンプでは、軸方向で水平方向に 16.9 kg の荷重が作用します。

吐出し側では次のようになります。

垂直方向の流速　$V_1 = 0$
垂直方向の流速　$V_2 = 130/(60 \times 60)/(\pi/4 \times 0.08^2) = 7.2$ m/s

$F_v = \rho Q V_1 - \rho Q V_2 = -\rho Q V_2 = 1000 \times 130/(60 \times 60) \times 7.2$
$= -260$ kg-m/s$^2 = -26.5$ kg

吐出し配管は垂直上向きになっているので、垂直下向きに 26.5 kg の荷重が作用します。

「サイド-サイド」のポンプでは、吸込口の流速および吐出しの流速の方向が変わるのですが、いずれの荷重も水平方向に作用します。および「トップ-トップ」のポンプでは、吸込口の流速および吐出しの流速の方向ともに垂直方向なので、いずれの荷重も垂直下向きに作用します。

（5） 配管荷重と配管モーメント

　ポンプのケーシングには吸込口および吐出し口があります。立形ポンプの一部を除き、両方の口はフランジが一般的ですが、小さい口ではねじ込みの場合もあります。どちらの場合でも、ポンプの据付けのときには吸込配管および吐出し配管が設けられますが、これらの配管がポンプに取り付けられるときにお互いの中心がずれていたり、長手方向にすき間があったりします。そのときに、無理やりポンプに取り付けてしまうと、ポンプケーシングには荷重およびモーメントが作用します。

　仮に、まったく狂いがなく配管ができ上がって、ポンプケーシングには荷重およびモーメントが作用しないとします。それでも、ポンプが運転に入ると、液の反力や振動などによって、ポンプケーシングには必ず荷重およびモーメントが作用します。また、高温や低温の液を扱う場合には、ポンプおよび配管材料が同じであっても、部分的に温度差があるので伸び量や縮み量が変わるので、結局はポンプケーシングには必ず荷重およびモーメントが作用します。また、ポンプと配管の材料が異なるときは、荷重およびモーメントは増大します。

　それでは、ポンプのケーシングに荷重およびモーメントが作用したときに、ポンプはどうなるでしょうか。ポンプで注意が必要なことは次の4点です。

①ポンプ全体が変形して液漏れが発生する。
②ポンプ全体が変形して、内部の狭いすき間の箇所が当たる。
③ケーシングなどが破損する。
④カップリングと結合する主軸端がずれる。

　ところが実際に作用する配管荷重と配管モーメントは、配管してみないとわかりません。そのため、基礎にどれだけ負荷されるかも事前にはわかりません。配管荷重と配管モーメントも基礎に対しては上方向も下方向もあり得ます。

　その対策として購入者は、許容配管荷重および許容配管モーメントをポンプメーカに指定することができます。

表 5-2 配管荷重と配管モーメント

		\multicolumn{9}{c}{配管荷重（N）}
		\multicolumn{9}{c}{ノズルサイズ（mm）}
		50	80	100	150	200	250	300	350	400
トップノズル										
	F_X	710	1070	1420	2490	3780	5340	6670	7120	8450
	F_Y	580	890	1160	2050	3110	4450	5340	5780	6670
	F_Z	890	1330	1780	3110	4890	6670	8000	8900	10230
サイドノズル										
	F_X	710	1070	1420	2490	3780	5340	6670	7120	8450
	F_Y	890	1330	1780	3110	4890	6670	8000	8900	10230
	F_Z	580	890	1160	2050	3110	4450	5340	5780	6670
エンドノズル										
	F_X	890	1330	1780	3110	4890	6670	8000	8900	10230
	F_Y	710	1070	1420	2490	3780	5340	6670	7120	8450
	F_Z	580	890	1160	2050	3110	4450	5340	5780	6670
		\multicolumn{9}{c}{配管モーメント（N・m）}
すべてのノズル										
	M_X	460	950	1330	2300	3530	5020	6100	6370	7320
	M_Y	230	470	680	1180	1760	2440	2980	3120	3660
	M_Z	350	720	1000	1760	2580	3800	4610	4750	5420

　表 5-2 に示すのは、API 610 で規定している許容配管荷重および許容配管モーメントです。これらの値以内であれば、上記 4 点にかかわる問題が起こってはならないのです。同表では吸込および吐出しのノズルサイズによって、配管荷重および配管モーメントの許容値が示されています。また、配管荷重はノズルの方向によって値が決まっています。

　ノズル方向については、**図 5-1** に示す立軸インラインポンプ、**図 5-2** に示す立形キャン付きポンプおよび**図 5-3** に示す横軸水平割り多段ポン

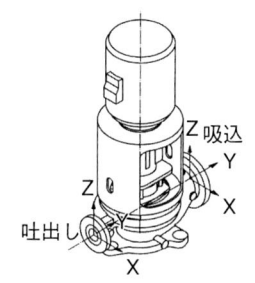

図 5-1　立軸インラインポンプ「サイド-サイド」

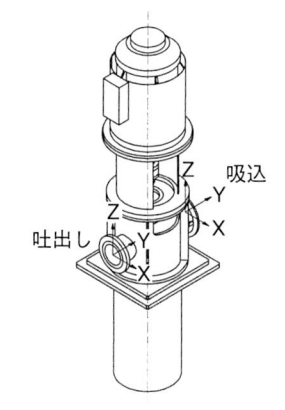

図 5-2　立形キャン付きポンプ「サイド-サイド」

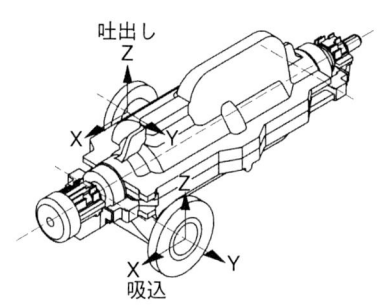

図 5-3　横軸水平割り多段ポンプ「サイド-サイド」

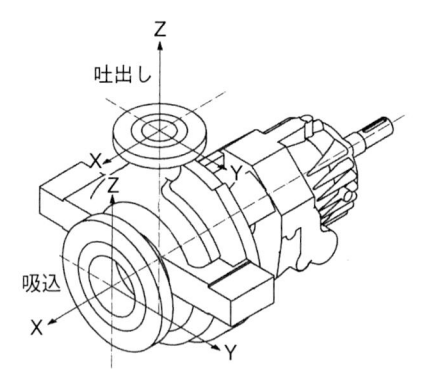

図 5-4　横軸単段ポンプ「エンド-トップ」

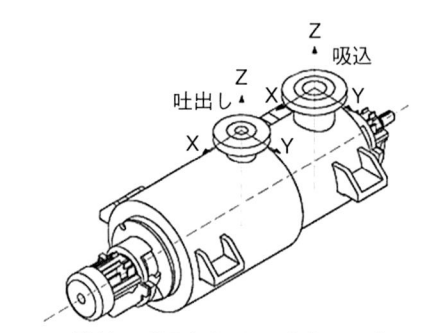

図 5-5　横軸二重胴多段ポンプ「トップ-トップ」

プは「サイド-サイド」、図 5-4 に示す横軸単段ポンプは「エンド-トップ」、図 5-5 に示す横軸二重胴多段ポンプは「トップ-トップ」です。参考として、これらのポンプで、吸込口径 100 mm、吐出し口径 80 mm の場合の許容配管荷重および許容配管モーメントを表 5-3 に示します。

　表 5-2 に示す配管荷重と配管モーメントの値は、API ポンプの場合には、十分許容できる値ですが、汎用ポンプなどでは、これらの値はとうてい許容できません。汎用ポンプなどで、大きな配管荷重と配管モーメントが負荷されることが想定される場合には、ポンプ吸込口および吐出し口と配管の間に、それぞれフレキシブルチューブを入れる方法が効果的です。

表5-3 配管荷重と配管モーメント例

		立軸インラインポンプ 立形キャン付きポンプ 横軸水平割り多段ポンプ		横軸単段ポンプ		横軸二重胴多段ポンプ	
		吸込	吐出し	吸込	吐出し	吸込	吐出し
		100	80	100	80	100	80
		「サイド」	「サイド」	「エンド」	「トップ」	「トップ」	「トップ」
配管荷重 (N)	F_X	±1420	±1070	±1780	±1070	±1420	±1070
	F_Y	±1780	±1330	±1420	±890	±1160	±890
	F_Z	±1160	±890	±1160	±1330	±1780	±1330
配管モーメント (N・m)	M_X	±1330	±950	±1330	±950	±1330	±950
	M_Y	±680	±470	±680	±470	±680	±470
	M_Z	±1000	±720	±1000	±720	±1000	±720

（6） 吸込配管と吐出し配管の質量および吸込配管と吐出し配管内の液の質量

　配管の設計によって配管の質量および配管の内容積は、あらかじめ計算によって求めることができます。内容積がわかれば液の質量がわかります。配管および液の質量は、配管荷重および配管モーメントとして、ポンプの吸込ノズルおよび吐出しノズルに作用します。

（7） 配管サポートによる荷重軽減

　配管のサポートがある場合、サポートの固定が共通ベース上でなければ、サポートの基礎が受ける荷重はポンプの基礎に作用する荷重から除くことができます。

5-2 ● ポンプの据付け

　超大形のポンプやモータでない限り、ポンプとモータは**図 5-6** に示すように、共通ベースに取り付けられた状態で現地に到着します。そして、一体になったままでポンプは基礎面に据え付けられるのですが、具体的には次の順番で設置されます。

① 基礎ボルトの固定：基礎に基礎ボルト用穴をあけて、モルタルを使って基礎ボルトを固定する。

② 共通ベースの据付け：ポンプ、モータおよび共通ベース一体の状態で、共通ベースにある基礎ボルト用穴に基礎ボルトを通過させて基礎上に置く。そして、共通ベースの水平度を調整する。ポンプの吐出しフランジ面やモータ脚の座など加工面に水準器などを置いて、基礎ボルトの両側に**図 5-7** に示すように、テーパライナと平行ライナを使って水平を調整する。調整が完了したらテーパライナと平行ライナはお互いに点溶接し、また共通ベースにも点溶接して固定する。水平度の基準は、ポンプメーカの推奨値になりますが、共通ベースの長さ 1 m 当たり 0.3 から 2 mm 以内である。

③ モルタル流し込み：共通ベースの中にモルタルを流し込み固化させる。

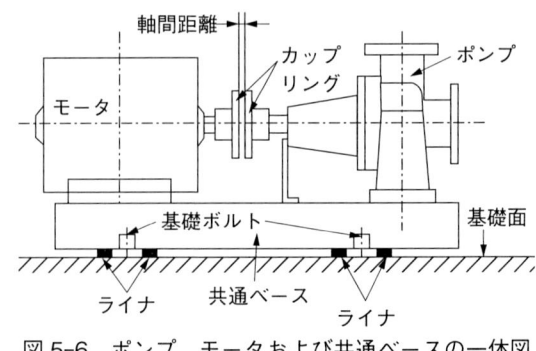

図 5-6　ポンプ、モータおよび共通ベースの一体図

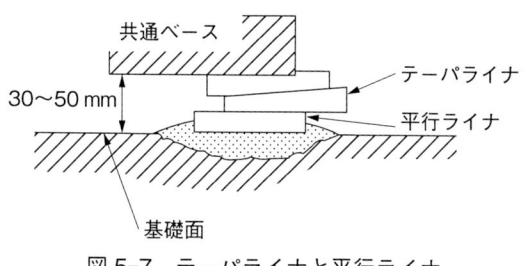

図 5-7　テーパライナと平行ライナ

　このとき、テーパライナと平行ライナ、および基礎と共通ベースのすき間にもモルタルを入れる。
④ポンプとモータの心出し：カップリングボルトを外し、カップリングを使って「面振れ」と「水平度」を調整する。

　「面振れ」は**図 5-8** に示すように、テーパゲージなどを使って、ポンプ側のカップリングとモータ側のカップリングのすき間を上下左右4カ所測定する。そしてポンプメーカの推奨値になるように、モータの脚の下にシムを抜き差しして調整する。「水平度」は**図 5-9** に示すように定規などをポンプ側のカップリング面に当てて、モータ側のカップリングを手回ししながらすき間を測定する。そして、ポンプメーカの推奨値になるように、モータの脚の下にシムを抜き差しして調整する。実際には「面振れ」と「水平度」を何度か繰り返しながら調整する。調整後はポンプとモータの軸間距離を確認します。推奨値は、

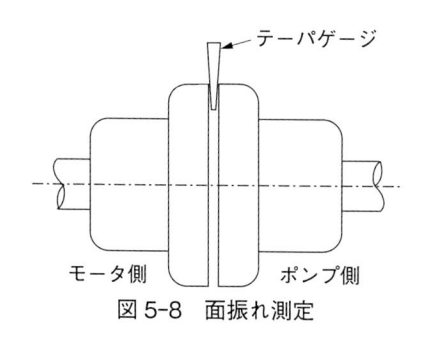

図 5-8　面振れ測定

図 5-9　平行度測定

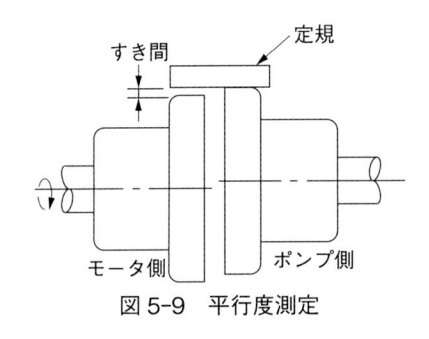

　カップリングの大きさにもよるが、「面振れ」は 0.1 から 0.5 mm 以内、「平行度」は 0.1 から 0.5 mm 以内です。

　上記で説明したポンプは、カップリングにスペーサがない場合です。

　図 5-10 に示すように、カップリングにスペーサが付いていると少し方法が異なります。ポンプとモータの心出しは、カップリングボルトおよびスペーサを外し、図 5-11 に示すように、ダイヤルゲージを使って「面振れ」と「水平度」を調整します。また、大形ポンプの場合、共通ベースの水平度を調整するための容易な方法として、図 5-12 に示すように、押しボルトを使うこともあります。

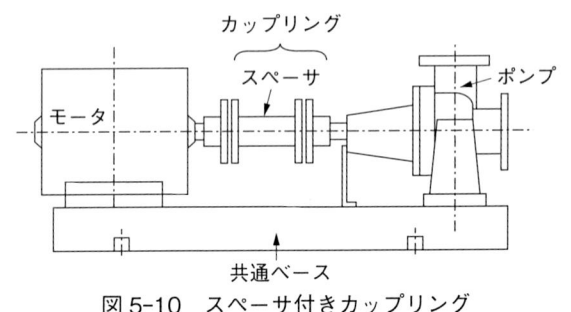

図 5-10　スペーサ付きカップリング

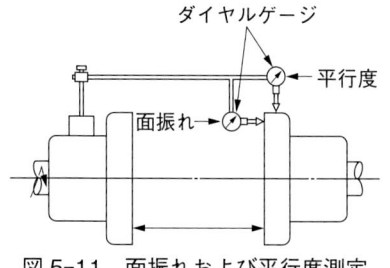

図 5-11　面振れおよび平行度測定

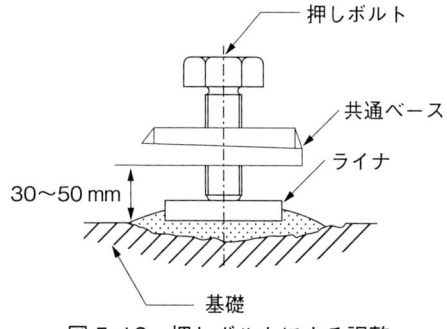

図 5-12　押しボルトによる調整

豆知識

吊り上げ時のポイント

　図5-6に示すようなポンプ、モータおよび共通ベース一体のものをクレーンなどで吊り上げる場合、ポンプメーカの吊り上げ要領に従う必要があります。ポンプのノズルやモータの吊り金具などにロープをかけて吊り上げると、ポンプ脚の取付けボルトが破損したりモータの吊り金具が破損したりします。一般には、共通ベースの四隅に一体で吊り上げる金具が付いています。

第5章 ● ポンプの据付けと試運転

5-3 ● ポンプの始動

　ポンプの据付けが完了しても、ポンプは始動できるわけではありません。始動する前に、横軸ポンプはポンプ内および吸込配管内にある空気をすべて抜く必要があります。空気を抜かないでポンプを運転すると、ポンプ内部に「かじり」を起こしたり主軸を折損したりして、ポンプは分解不可能な致命的な損傷を受けます。

　立形ポンプで液中に下方部だけ浸かっているポンプは、軸封は必ず液面より上にあるので、ポンプの始動後数秒間、液のないドライ運転になります。また、主軸の間に数個ある液中軸受のうち何個かは液面より上にある場合、同様にポンプの始動後数秒間、ドライ運転になります。このようなドライ運転は避ける必要があるのですが、避ける方法としては外部から液を注入する「外部フラッシング」という方法になります。そのためには、注入用のポンプとフラッシング液が流れていないときの検知器が必要になるので大変です。そこで、数秒間ドライ運転を許容する軸封材料や軸受材料があるので、個別にポンプメーカに確認することになります。

　空気を抜くための方法にはいろいろとありますが、ポンプの形式によって異なります。横軸ポンプでは、吸込側がどうなっているかによって、2つに分かれます。1つは吸込側の液面がポンプより高い「押込み」の場合、もう1つは吸込側の液面がポンプより低い「吸上げ」の場合です。「押込み」の場合、ポンプがセルフベントかセルフベントでないかで方法が異なります。セルフベントとは、図 5-13 に示すように、液がポンプに入ってきて液面がどんどん上昇していくと、自動的にポンプ内の空気が抜ける構造のことをいいます。参考として、セルフベントでないポンプを図 5-14 に示します。液中に下方部だけ浸かっている立形ポンプでは、空気を抜くことは不可能なので、軸封および液中軸受の材料に工夫をしたり、始動時に外部フラッシングしたりすることで対策しています。

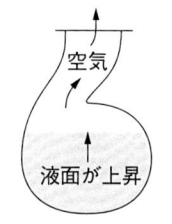

図 5-13　セルフベントの構造 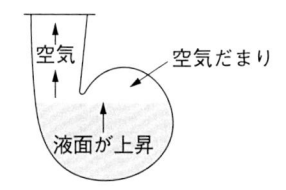　　図 5-14　セルフベントでない構造

ここでは、まず空気抜きの方法を紹介し、次にポンプの形式を分類し、そしてポンプの形式ごとに適用する空気抜きの方法を紹介します。

（1）　タイプA「押込み」でセルフベント

図 5-15 に示すように、吐出し弁を全閉、吸込弁および空気抜き弁を全開にして、ポンプ内にポンプ取扱液を流し込みます。空気抜き弁から液が漏れてきたことによって、ポンプ内の空気が抜けたことがわかります。

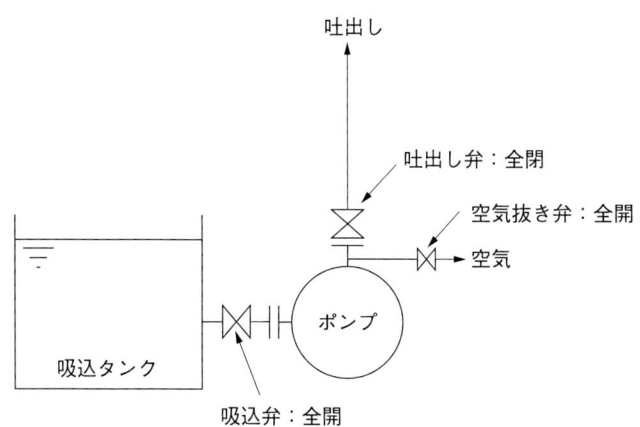

図 5-15　タイプA「押込み」でセルフベント

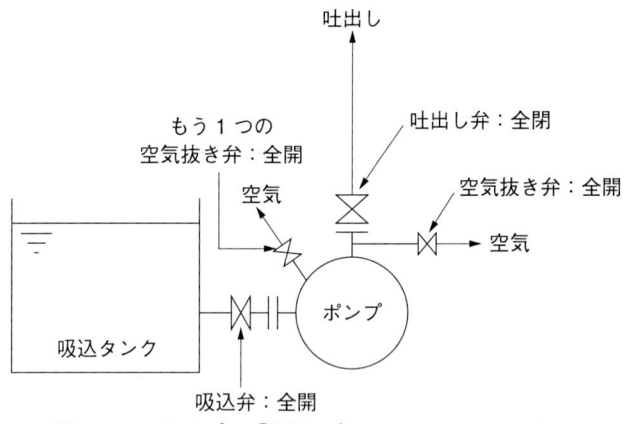

図5-16　タイプB「押込み」でセルフベントでない

（2）　タイプB「押込み」でセルフベントでない

図5-16に示すように、ポンプ内の空気が溜まる最上部にさらにもう1つの空気抜き弁が必要になります。この空気抜き弁も全開にしておき、空気抜きの方法は、前述と同様に、吐出し弁を全閉、吸込弁および2つの空気抜き弁を全開にしてポンプ内にポンプ取扱液を流し込みます。両方の空気抜き弁から液が漏れてきたことによって、ポンプ内の空気が抜けたことがわかります。

（3）　タイプC「吸上げ」で真空ポンプ

図5-17に示すように、ポンプのできるだけ上部または吐出し管から枝管を出し、その枝管の先にポンプよりも高い位置に満液検知器を接続し、満液検知器に真空ポンプを接続します。吐出し弁は全閉、バイパス弁は全開にします。そして、真空ポンプを運転してポンプ内を真空にしながらポンプ取扱液を吸込タンクから吸い上げます。ポンプ内が満液になったことを満液検知器で検知します。セルフベントのときは図の破線の配管は不要です。

図5-17　タイプC「吸上げ」で真空ポンプ

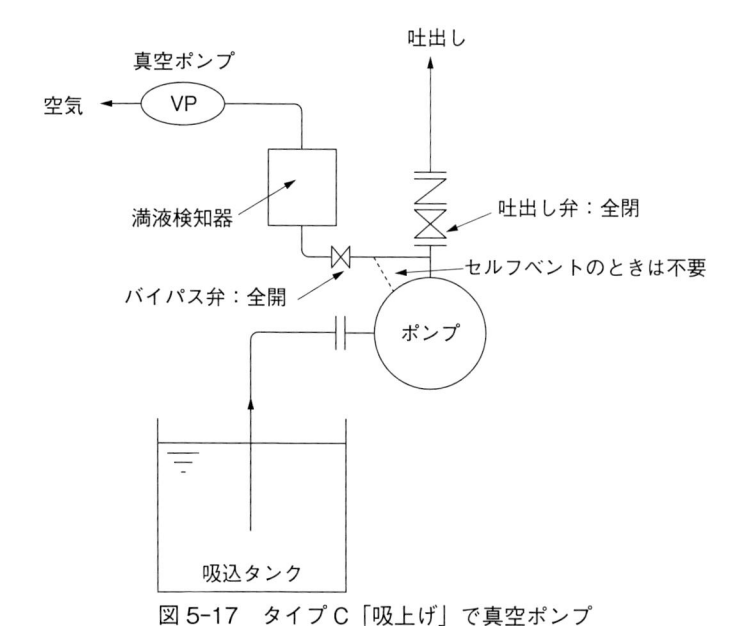

豆知識
ポンプの空気抜き

　ポンプの空気抜きは、小配管を含めポンプの始動前に確実に行う必要があります。しかし、ポンプや小配管は金属などで製作されているので、空気が完全に抜けたかどうかを外から目視で確認することはできません。空気が完全に抜けていないと推定される場合、ポンプの吐出し側に弁が付いているときには、ポンプを運転しながら、弁の開度を数回変えてやると完全に空気を抜くことができます。

（4） タイプD「吸上げ」でフート弁

図 5-18 に示すように、ポンプのできるだけ上部または吐出し管から枝管を出し、その枝管の先に、ポンプよりも高い位置に呼水漏斗を接続します。そして、吸込配管の最下端にフート弁を設けます。吐出し弁は全閉、バイパス弁は全開にします。また、ポンプ内の空気を抜くために空気抜き弁を設け全開にします。そして、呼水漏斗から取扱液を注ぎ込みます。空気抜き弁から液が漏れてきたことによって、ポンプ内の空気が抜けたことがわかります。

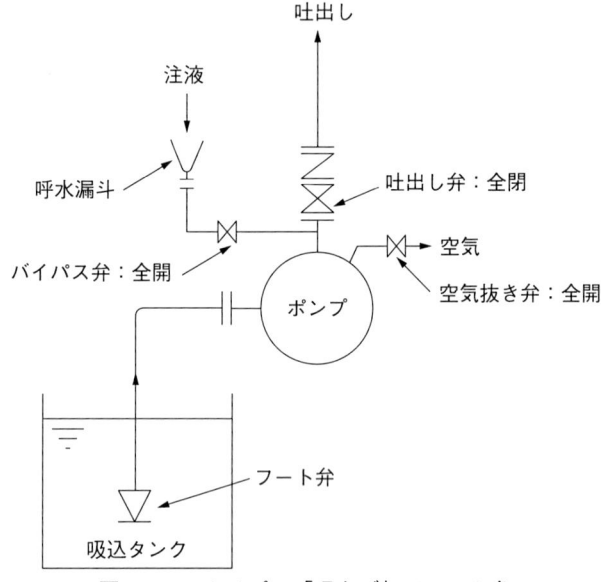

図 5-18　タイプD「吸上げ」でフート弁

（5） タイプE「液中」

図 5-19 に示す液中に下方部だけ浸かっている立形ポンプでは、空気を抜くことは不可能なので、軸封および液中軸受の材料に工夫をしたり、始動時に外部フラッシングしたりすることで対策します。

図5-19　タイプE「液中」

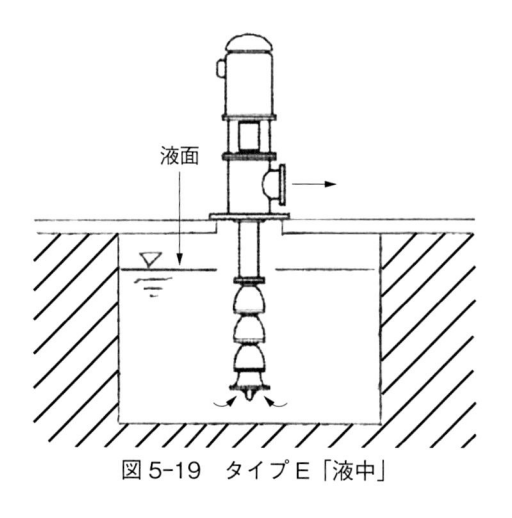

（6）ポンプの形式

ポンプの形式を、API 610 にもとづいて、片持、両持および立形の 3 種類に分類し、外観をそれぞれ**図 5-20**、**図 5-21** および **図 5-22** に示します。

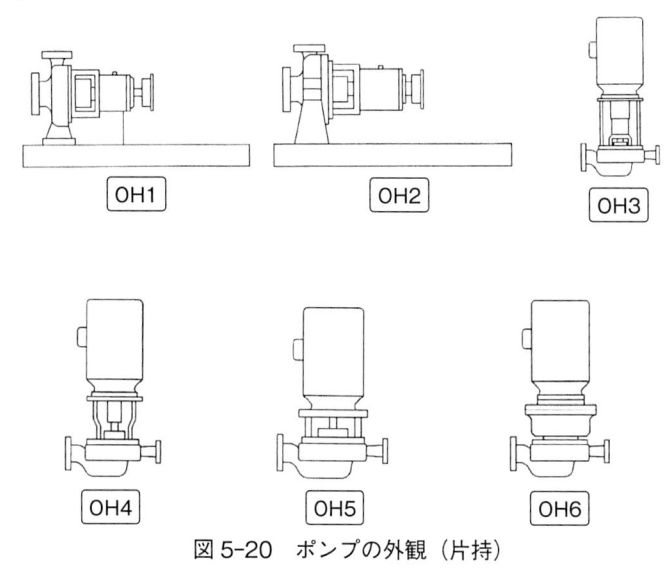

図 5-20　ポンプの外観（片持）

図 5-21　ポンプの外観（両持）

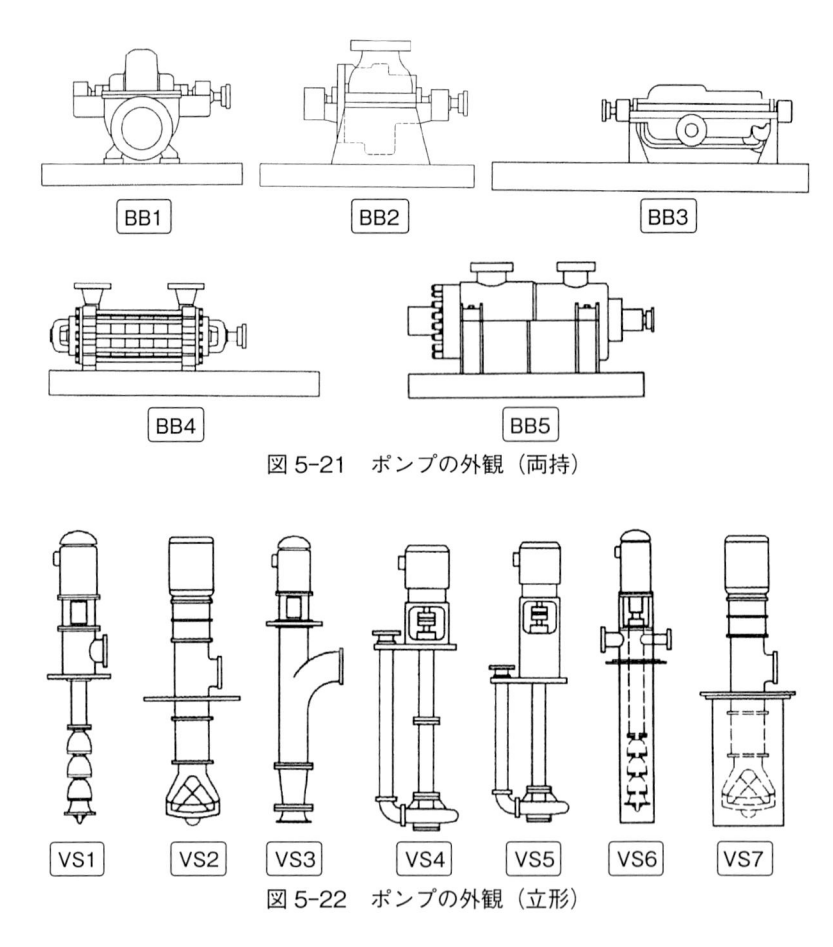

図 5-22　ポンプの外観（立形）

（7）　適用する空気抜きの方法

　ポンプの形式ごとに適用される空気抜き方法を、まとめて**表 5-4** に示します。同表において、○印は一般的に使用される空気抜き方法です。×印は適用が不可能または適用することがない方法を示しています。ポンプメーカによっては、特別な構造にして同表とは異なる空気抜き方法を推奨することがあります。この場合にはその推奨方法にしたがってください。

表 5-4　空気抜き方法の適用

API 610 の記号	タイプA 押込み セルフベント	タイプB 押込み 空気抜き弁	タイプC 吸上げ 真空ポンプ	タイプD 吸上げ フート弁	タイプE 液中 立形ポンプ
OH1	○	×	○	○	×
OH2	○	×	○	○	×
OH3	×	○	○	○	×
OH4	×	○	○	○	×
OH5	×	○	○	○	×
OH6	×	○	○	○	×
BB1	×	○	○	○	×
BB2	×	○	×	×	×
BB3	×	○	○	○	×
BB4	×	○	×	×	×
BB5	×	○	×	×	×
VS1	×	×	×	×	○
VS2	×	×	×	×	○
VS3	×	×	×	×	○
VS4	×	×	×	×	○
VS5	×	×	×	×	○
VS6	×	○	×	×	×
VS7	×	×	×	×	○

○：適用可能、×：適用不可能または適用することがない

（8）ユーティリティの供給開始

　ポンプ内および吸込配管内の空気抜きが終わったら、潤滑油、冷却水、外部フラッシングなどポンプの運転に必要になるユーティリティの供給を開始します。これらのユーティリティは始動前に必要ですが、ポンプの停止後も必要になるものがあります。冷却水はポンプ停止後、軸受、潤滑油、ガスケットなどが冷えるまで 30 分程度の時間、供給し続ける必要があります。また、外部フラッシングはポンプ停止中も連続して供給し続けます。

5-4 ● 回転方向の確認

　ポンプ内および吸込配管内の空気抜きが終わり、ポンプの運転に必要になるユーティリティの供給を開始すれば、ポンプは始動できる状態にあります。ここで回転方向の確認を行います。具体的には、面倒でもカップリングボルトを外して、モータ単独で数秒回転して目視で回転方向が正しいかどうかを確認します。

　据付け現場が広く、多くの工事業者が行き来しているところでは、電気関係の業者はポンプが始動できる状態でないにもかかわらず、独自に回転方向を確認することがあります。とても危険なことなので、このようなことは避ける必要があります。

　回転方向が正しいことを確認したら、最終の心出しをします。そして試運転を開始します。

（１）　正規の回転方向の見分け方

　ここでは参考として、ポンプを外から見たときの正規の回転方向の見分け方を紹介します。ポンプの回転方向はカップリングやカップリングの近くに矢印で示されています。しかし、長年経つと矢印が劣化して見えなくなってしまします。そのような場合にも役立ててください。

　ボリュートをもったケーシングと羽根車の回転方向に関する関係を**図5-23**に示します。同図（a）、（b）および（c）ともに同じで、羽根車は反時計方向に回転します。そして液はケーシング内に矢印で示したように流れ、吐き出されます。次に、**図5-24**をみてください。同図（a）のようなポンプで、〝A″からみて同図（b）のようになっているケーシングの場合、回転方向はどうなるでしょうか。同図（b）において、反時計方向に回転するのが正規です。つまり、回転方向は駆動機側から見て時計方向になります。**図5-25**（a）（b）の場合も同様で、正規の回転方向は駆動機側から見て時計方向です。

(a)

(b)

(c)

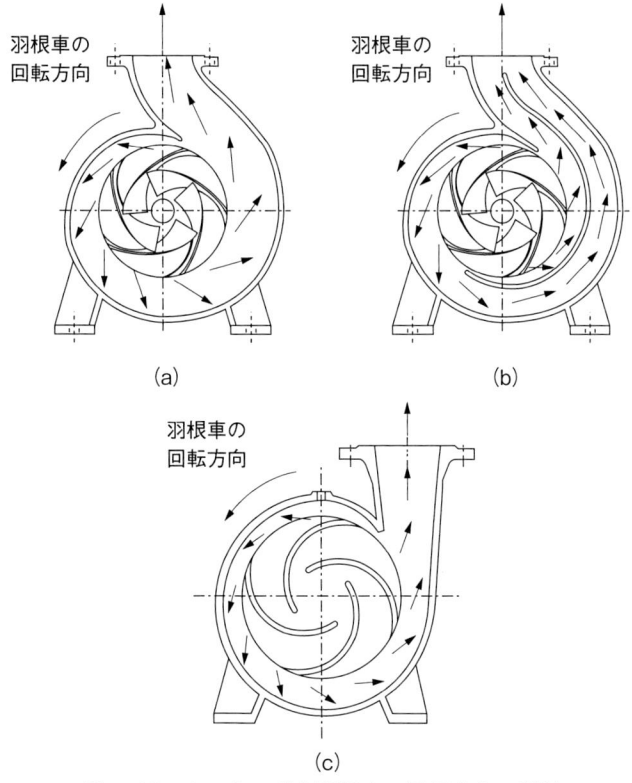

図5-23 ケーシングと羽根車の回転方向の関係

矢視"A"

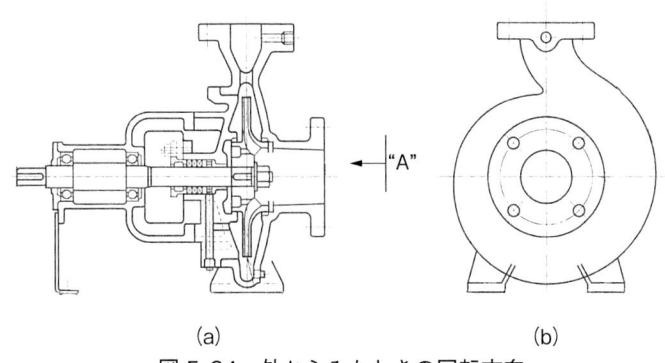

(a)　　　　　　　　　(b)

図5-24 外からみたときの回転方向

第5章 ● ポンプの据付けと試運転

175

図 5-25　外からみたときの回転方向

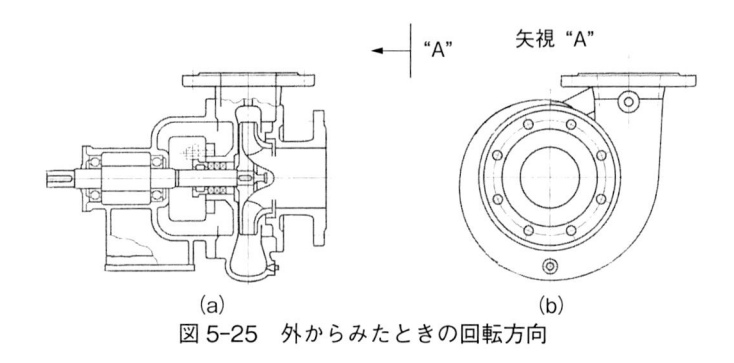

　このように、ボリュートをもったポンプの場合、ケーシングを外からみて、回転方向がわかります。そして、モータ駆動のとき、具体的に回転方向が正しいかどうかを確認するには、面倒でもカップリングのボルトを外してモータだけを始動して確認します。

（2） ボリュートでないポンプの場合

　それでは、ボリュートでないポンプの場合はどう確認するのでしょうか。ケーシングの外観からでは回転方向を特定できません。このようなポンプでは、やはりカップリングやカップリングの近くに矢印で示された回転方向に頼ることになります。長年経過して矢印が見えなくなってしまったら、ポンプメーカから提出された外形図などから回転方向を把握します。そして、カップリングのボルトを外してモータだけを始動して確認します。

　さて、駆動機がモータであるポンプでは、前述のような方法で回転方向を確認することができます。しかし、キャンドモータポンプなど回転部分が外部に露出していないポンプはどうやって確認するのでしょうか。キャンドモータポンプでは、図 5-26 に示すように、端子箱に付いている表示器で回転方向が正常かどうかを表示する機能を備えたものがあります。このような場合には、表示器で確認することができます。表示器がない場合には、取扱説明書の「結線図」に頼るしかありません。

図 5-26　キャンドモータポンプの回転方向

5-5 ● ポンプの逆回転

　遠心ポンプでは回転方向が逆になっても、ある程度の吐出し量および全揚程を発生します。概略ですが、規定吐出し量で全揚程は半分ほどになります。そのためポンプの選定に余裕がある場合、逆回転に気づかないことがあります。しかし、吐出し側に圧力計が付いていれば、外から目視で確認することができます。
　遠心ポンプでは回転方向が逆になると、本来の性能を発揮できないだけでなく、ねじ部が緩んだりします。ところが、このような緩みは外部からは見えないので、知らずに運転していると致命的な問題を引き起こしてしまう危険があります。

第6章

ポンプの運転

　粘性液を扱う場合や空気が混入する場合などにおいて、ポンプを適切に運転するためには、ポンプの購入後ではなく、ポンプを使った設備の計画時点で検討しておく必要があります。ポンプの運転中に起こると考えられる現象を取りあげて、計画時点で取りえる対策を示します。

6-1 ● 水以外の液を扱うポンプの性能

　実際に使用する液が水よりも動粘度の大きい場合、ポンプメーカで行った性能試験は常温の清水を使っているので、実際の性能かどうかは厳密にいうとかわかりません。ポンプメーカから提出される性能試験の結果は、ISO/TR 17766 というテクニカルレポートにもとづいて、規定の動粘度に計算で換算した性能になっているからです。ISO/TR 17766 では換算式を決める前に、動粘度の大きい液を扱うポンプの実際の性能を1000 台以上測定ました。そして、その結果を図にプロットしてみても、かなりばらつきがあったのですが、比速度と動粘度から換算式を1つに決定したので、実際の性能と合わないことがあります。そのため、このレポートではばらつきを考慮して、モータ定格出力や全揚程を決めるように注記しています。

　実際に現場でポンプを運転した結果、全揚程が不足している場合、またはモータの電流値が高すぎる場合、吐出し弁を絞って吐出し量を減らす対策が必要になるかもしれません。

6-2 ● ポンプの減速運転とフラッシング

　省エネルギーのために、ポンプはインバータやベルトを使って減速運転されることがあります。100％速度で運転しているポンプを、インバータを使って80％速度に減速したときの性能変化を図 6-1 に示します。定速のまま吐出し弁で絞って吐出し量を少なくするよりは、軸動力が低下する割合が大きくなるので、省エネルギー効果は高まります。

　ここで注意する必要があるのが、軸封へ供給するフラッシングの圧力と流量です。軸封の主なものにグランドパッキングとメカニカルシールがありますが、摺動部の冷却および潤滑のために、いずれにも適正な圧

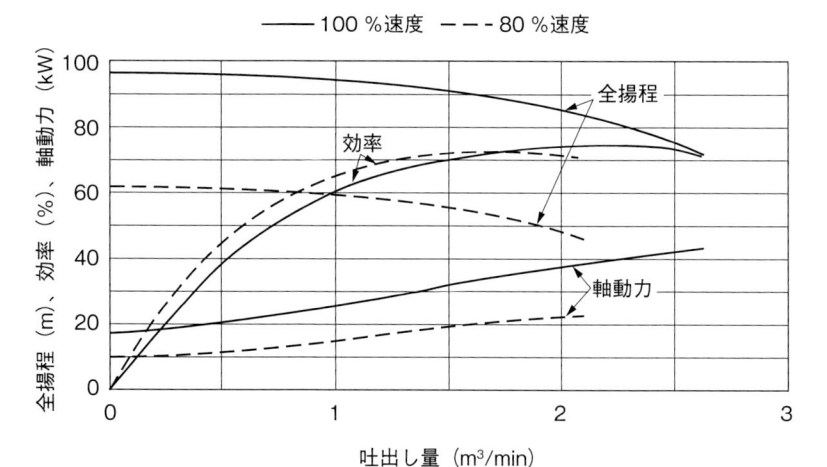

図6-1　インバータによる性能変化

　力と流量によるフラッシング液が必要になります。そして、軸封が格納されているスタフィングボックス内の圧力は、大気圧力を超え、かつ液の飽和蒸気圧力よりも高い状態を保持することによって、空気の吸入および液の気化を防止します。ところが、ポンプの減速によって全揚程も低下するので、フラッシングの方式によっては適正な圧力と流量のフラッシング液が確保されないということが懸念されます。

　それでは、まずどのようなフラッシング方式があるか、API 682を参考に主なものをみてみましょう。次頁からの**図6-2**から**図6-10**に、主に使用されているフラッシングの方式を、フラッシングプランの呼称ごとに示します。これらの図はメカニカルシールにしていますが、グランドパッキンの場合にも適用できます。外部フラッシングを除き、いずれの方式でも、ポンプの差圧、すなわち吐出し圧力と吸込圧力の差を利用しています。

　どのようなフラッシングの方式を採用するかについて、まず購入者が軸封をメカニカルシールかグランドパキンかを指定します。そして、ポンプメーカは指定された軸封で適切かどうかを検討し、適切でなければ

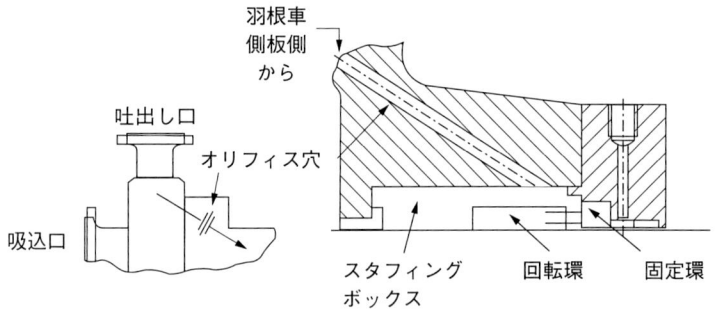

図 6-2　フラッシングプラン -01

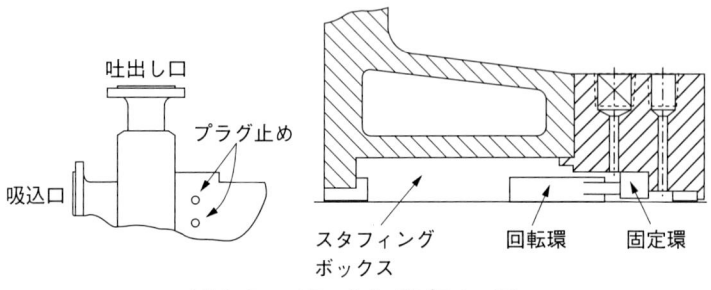

図 6-3　フラッシングプラン -02

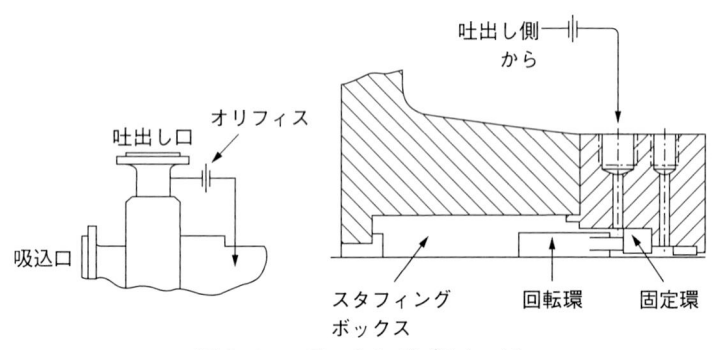

図 6-4　フラッシングプラン -11

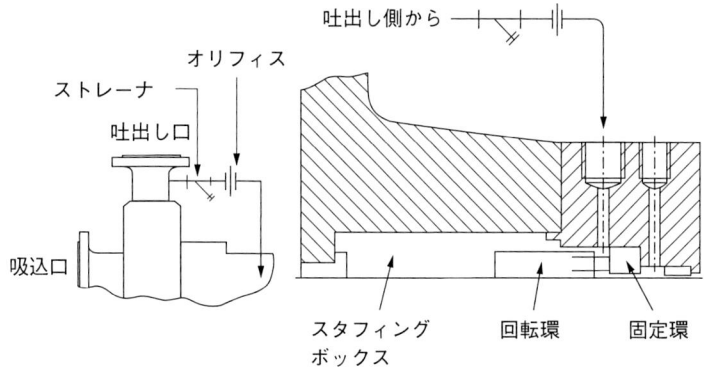

図 6-5　フラッシングプラン -12

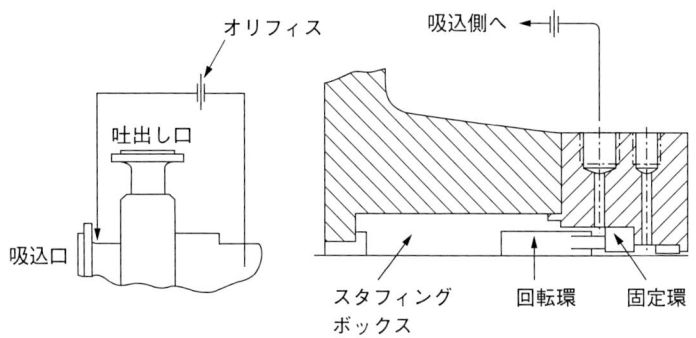

図 6-6　フラッシングプラン -13

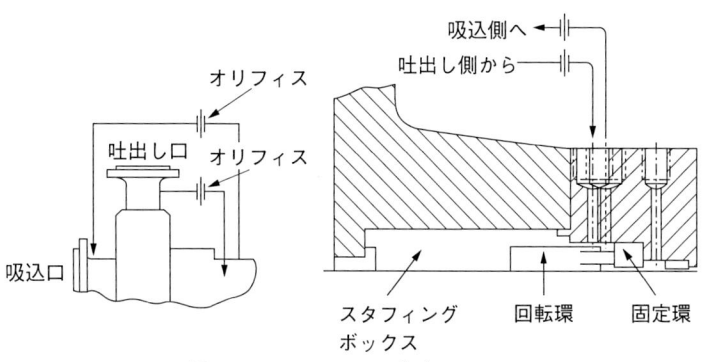

図 6-7　フラッシングプラン -14

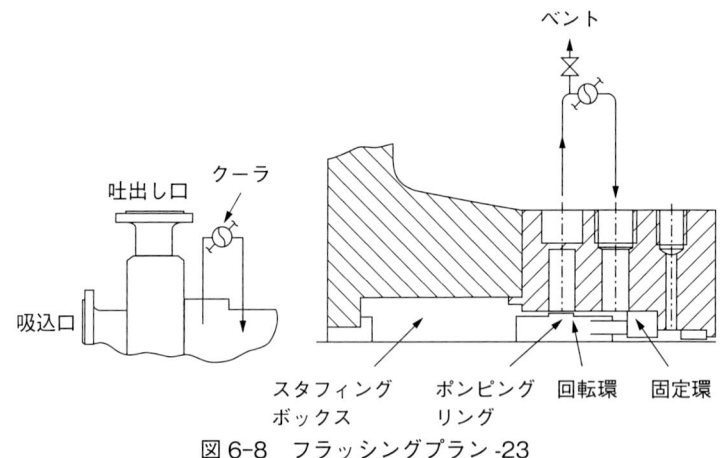

図 6-8　フラッシングプラン -23

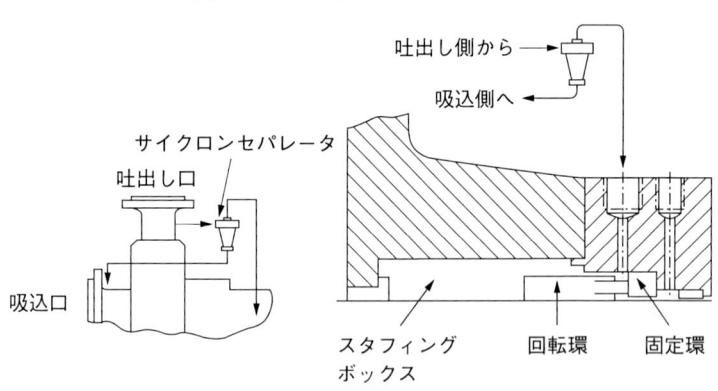

図 6-9　フラッシングプラン -31

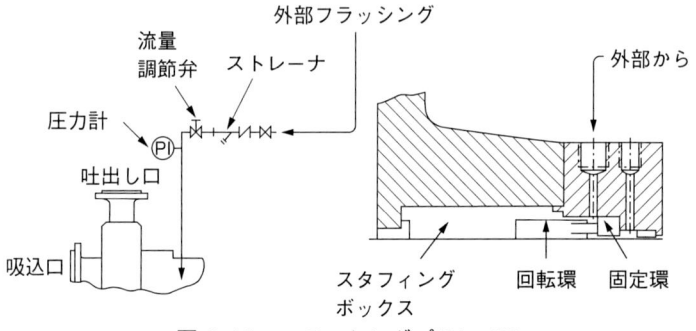

図 6-10　フラッシングプラン -32

購入者へその旨を申し出て、両者で検討し結論を出します。メカニカルシールの場合、ポンプメーカはメカニカルシールメーカへ、形式、スタフィングボックス圧力、軸径などを連絡し、フラッシング量などを入手して設計します。ただし、汎用ポンプなどでき上がっていて市販されているポンプについては、購入者独自で判断する必要があります。

　フラッシングプランごとに、実際に適用されるかどうか、および減速運転したときに軸封が問題ないかどうかを、流れの系統を含め**表 6-1** に示します。減速運転のとき、同表の○印は問題ありませんが、△印は問題が起こる可能性があります。×印は問題を起こします。問題を起こす可能性がある場合または問題を起こす場合、購入者は見積り時点で減速運転することをポンプメーカへ連絡すれば、たとえば 100 %速度では過剰であっても、最低速度では適正量の液が流れるように、また適正な圧力が保持できるような手段を講じます。

表 6-1　フラッシング方式

プラン	流れの系統	グランドパッキン 適用	グランドパッキン 減速運転	メカニカルシール 適用	メカニカルシール 減速運転
-01	羽根車側板側→スタフィングボックス	○	○	○	○
-02	プラグ止め＝流れなし	○	○	○	△
-11	吐出し側→オリフィス→スタフィングボックス	○	○	○	○
-12	吐出し側→ストレーナ→オリフィス→スタフィングボックス	○	△	○	△
-13	スタフィングボックス→オリフィス→吸込側	○	○	○	○
-14	吐出し側→オリフィス→スタフィングボックス、スタフィングボックス→オリフィス→吸込側	○	○	○	○
-23	スタフィングボックス→ポンピングリング→クーラ→スタフィングボックス	×	適用されない	○	×
-31	吐出し側→サイクロンセパレータ→スタフィングボックス、吐出し側→サイクロンセパレータ→吸込側	○	△	○	△
-32	外部フラッシング→ストレーナ→流量調整弁→圧力計→スタフィングボックス	○	○	○	○

「適用」欄　○：適用される、×：適用されない
「減速運転」欄　○：問題ない、△：問題の可能性ある、×：問題ある

6-3 ● ポンプの増速運転

　駆動機が三相交流モータの場合、モータのスリップがないときの同期速度 N_{cy} は、電源の周波数を f、モータの極数を P とすると、

　　　$N_{cy} = 120 \cdot f/P$

で計算できるので、モータの同期速度 N_{cy} は次のようになります。

　　　2 極 50 Hz：3000 min^{-1}
　　　2 極 60 Hz：3600 min^{-1}
　　　4 極 50 Hz：1500 min^{-1}
　　　4 極 60 Hz：1800 min^{-1}

三相交流モータの場合、ポンプの負荷がかかれば必ずスリップがあるので、定格回転速度は上記の同期速度 N_{cy} より低くなります。

　しかし、駆動機が直流モータ、油圧モータ、エンジン、タービンなどでは可変速が可能で、三相交流モータの定格回転速度を超えてポンプが運転されることがあり得ます。このような場合、ポンプはどのようなことに注意する必要があるのでしょうか。ポンプは定格回転速度が上がると、吐出し量および全揚程が増えるので、具体的には次のことを事前に検討する必要があります。

① NPSH3 と NPSHA の関係
② 軸受の潤滑方式および温度上昇
③ 耐圧
④ 危険速度
⑤ 羽根車の強度
⑥ 主軸の強度
⑦ カップリングの強度

　いずれの項目もポンプメーカでないと検討できないので、増速運転があり得るのであれば、購入者は見積り時点で事前にその仕様をポンプメーカへ連絡する必要があります。減速運転の場合と比べ、NPSH3 や耐圧

などかなり制約が多くなります。

　たとえば、**図6-11**に示す性能のポンプが、吸込圧力 $1\,\mathrm{kg/cm^2}$、常温清水で定格回転速度 $2960\,\mathrm{min^{-1}}$ で運転されているとします。定格の全揚程は点Aになり、ポンプの最高全揚程はミニマフフローの点Cになります。点Cの全揚程を120 mとすると、最高使用圧力 P_r は

$$P_r = 1 \times 120/10 + 1 = 13\,\mathrm{kg/cm^2}$$

になります。このポンプを10%増速して $3256\,\mathrm{min^{-1}}$ で運転した場合、運転点の全揚程は点Bに移り、最高全揚程はミニマフフローの点Dになり、約145 mになります。そして、最高使用圧力 P_r'、

$$P_r' = 1 \times 145/10 + 1 = 15.5\,\mathrm{kg/cm^2}$$

になります。

　JIS 10Kのフランジは、使用温度120℃以下で $1.4\,\mathrm{MPa} = 14.3\,\mathrm{kg/cm^2}$ まで使用できるので、このポンプは JIS 10K のフランジにしていたとすれば、フランジ規格の最高使用圧力を超えてしまいます。また、配管なども JIS 10K のレーティングにしているはずです。このような規格を超える使い方は避ける必要があります。

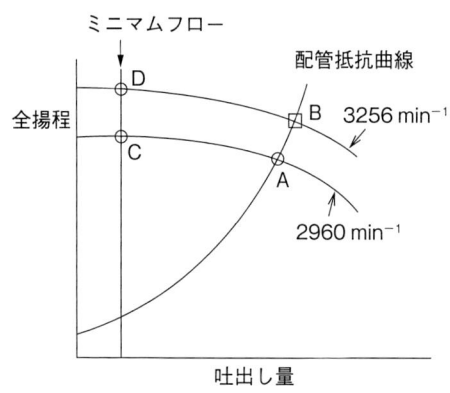

図6-11　増速運転の性能

6-4 ● ポンプの締切運転

　ポンプの材料は、ケーシングが鋳鉄や鋳鋼、吸込配管や吐出し配管は鋼管を使用しているので、液が流れているかどうか外からは見えません。たとえば、吸込配管の途中に弁があって、締め切った状態でポンプを運転していると、致命的な事故につながります。また、吐出し側も同様で、吐出し弁がポンプの近くにあれば開けていることは確認できますが、吐出し管の途中や送液末端で閉塞部があれば、吐出し弁が開いていてもポンプは締切状態になります。

　ポンプの締切運転のときでも、ポンプには駆動機からトルクが与えられ続けます。しかし、吐出し側から液はまったく出て行かないので、ポンプは有効な仕事をしていません。つまり、ポンプは有効な仕事をしていないにもかかわらず、駆動機からは一定のトルクがポンプに入力され続けているのです。締切運転のときの軸動力は、次のことに消費されています。

① ポンプ内や吸込および吐出し配管内にある液の温度上昇
② ポンプの振動、騒音
③ ポンプのケーシングなど構成部品の温度上昇
④ ポンプ外表面からの熱放射
⑤ 軸封へのフラッシング
⑥ ウェアリング部などの内部環流

　このうち、ポンプ内の液の温度上昇値は、次の計算式で計算します。
　　熱のつり合い式 1 kW = 0.2389 kcal/s なので、
$$0.2389 \times S_0 \times T = C_w \times W_w \times \Delta t$$
　よって、Δt は、
$$\Delta t = (0.2389 \times S_0 \times T) / (C_w \times W_w)$$
　ここに、
　　S_0：締切の軸動力（kW）

C_w：液の比熱（kcal/(kg・℃)）
W_w：ポンプ内の液の質量（kg）
Δt：ポンプ内の液の温度上昇値（K(℃)）
T：締切運転時間（s）

　この計算式は、いろいろな専門書に載っていますが、締切運転のときは液温の上昇がケーシングの温度上昇よりはるかに早いので、軸動力がポンプ内の液の温度上昇だけに消費されるとしている点が重要です。
　上の計算式からわかるように、ポンプ内の液の温度上昇値は、
① 締切運転時間および締切の軸動力に比例する。
② 液の比熱に反比例する。

　ポンプメーカでは出荷前の性能試験において、締切全揚程および締切軸動力の計測のために、高圧ポンプのように軸動力の大きいポンプを除き、数秒から十数秒間ポンプの締切運転を行います。しかし、現地で実際に運転するときは、締切運転は避ける必要があります。特に軸動力の大きいポンプは液温が短時間のうちに急上昇するし、液化ガスを扱うポンプなどは、飽和蒸気圧力が短時間のうちに急上昇します。そうなれば、ポンプ内部に「かじり」を起こしたり、ポンプケーシングなどが割れて取扱液が大気に流れ出したりという大事故につながります。

　それでは、締切運転でなく正常な運転であることをどのように確認するのでしょうか。吐出し側または吸込側に流量計があれば、流量計そのもので締切状態かどうかは容易に確認できます。流量計が付いていない場合、吸込側および吐出し側のポンプ近くに圧力計を取り付けておくと便利です。吸込側の弁が閉まっているか、または吸込配管内に閉塞部があれば、吸込側の圧力計の指針が激しく変動します。また、「バリィ、バリィ、」という異音が発生します。吐出し側で、閉塞が起こっているときは、次の現象が同時に起こります。
① 圧力計の読みが正常なときよりも大きくなる。
② 圧力計の読みの振れが吸込側より激しくないが、かなり変動する。
③ 振動および騒音が大きくなる。

6-5 ● 密閉管路内のポンプ運転

　ポンプが締切運転でない場合、ポンプを使った装置の温度上昇はどうなるのでしょうか。図 6-12 に示すような密閉管路内にポンプを設置した場合、ポンプの運転中に装置全体の液温がどれだけ上昇するのか、ポンプの性能は図 6-13 に示すものとして、運転点の吐出し量 Q_m について考えてみたいと思います。駆動機から与えられる軸動力 S_m は、次のことに消費されます。

① 吐出し量 Q_m を流すための有効な仕事
② ポンプ、配管およびタンク内にある液の温度上昇
③ ポンプの振動、騒音
④ ポンプの構成部品、配管およびタンク材料の温度上昇
⑤ ポンプ、配管およびタンク外表面からの熱放射
⑥ 軸封へのフラッシング
⑦ ウェアリング部などの内部環流

① 液が得る熱量：E_1

$$E_1 = (比熱) \times (質量) \times (液の温度上昇値)$$
$$= C_w \times (\rho \cdot V_p)/1000 \times \Delta t \ (\text{kcal})$$

C_w：液の比熱（kcal/(kg・℃)）
ρ：液の密度（kg/m³）
V_p：ポンプ、配管およびタンク内にある液の全容量（ℓ）

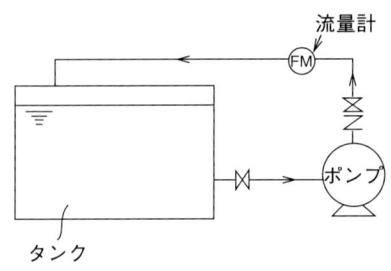

図 6-12　ポンプを使った装置

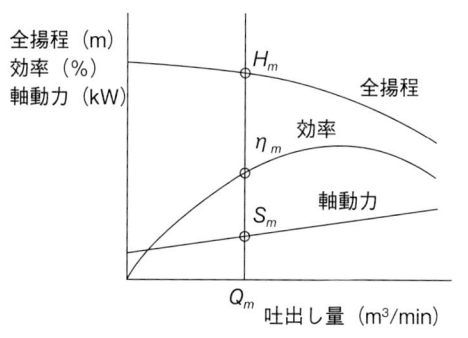

図 6-13　ポンプの性能

　　Δt：液の温度上昇値（K(℃)）
② 吐出し量 Q_m を流すために必要な有効な仕事：E_2
　　E_2 =（密度）×（吐出し量）×（全揚程）
　　　　 = $\rho \times Q_m/60 \times H_m$（kg・m/s）
　　H_m：吐出し量 Q_m における全揚程（m）
　1 kW = 101.97 kg・m/s なので、
　　$E_2 = \rho \times Q_m \times H_m/(60 \times 101.97)$（kW）
③ 吐出し量 Q_m がポンプ内からもち去る熱量：E_3
　　E_3 =（比熱）×（質量）×（液の温度上昇値）
　　　　 = $C_w \times (\rho \cdot Q_m)/60 \times \Delta t$（kcal/s）
　1 kW = 0.2389 kcal/s なので、
　　$E_3 = C_w \times (\rho \cdot Q_m)/60 \times \Delta t/0.2389$（kW）
④「ポンプの振動、騒音」、「ポンプの構成部品、配管およびタンク材料の温度上昇」、「ポンプ、配管およびタンク外表面からの熱放射」、「軸封へのフラッシング」および「ウェアリング部などの内部環流」の熱量の総和：E_4
　　E_4 はここでは軸動力 S_m の 20 % と仮定し、
　　$E_4 = 0.2 \times S_m$（kW）
⑤ 軸動力：S_m
　　$S_m = \rho \times Q_m \times H_m/(60 \times \eta_m)$（kg・m/s）

$$= \rho \times Q_m \times H_m / (60 \times 101.97 \times \eta_m) \ (\text{kW})$$

η_m：効率（％/100）

⑥ 熱つり合い

$$E_1 \ (\text{kcal}) = S_m \ (\text{kW}) - E_2 \ (\text{kW}) - E_3 \ (\text{kW}) - E_4 \ (\text{kW})$$

単位を（kW）に合わせるために、ポンプ運転経過時間を T（s）とすれば、

$1 \ \text{kW} = 0.2389 \ \text{kcal/s}$ なので、

$$E_1/(0.2389 \times T) \ (\text{kW}) = S_m \ (\text{kW}) - E_2 \ (\text{kW}) - E_3 \ (\text{kW}) - E_4 \ (\text{kW})$$

このつり合い式を Δt について解くと、次のようになります。

$$\Delta t = \frac{0.2389 \times Q_m \times H_m}{60 \times 101.97 \times C_W} \left(\frac{0.8}{\eta_m} - 1 \right) \times \frac{1}{\left(\dfrac{V_p}{1000 \times T} - \dfrac{Q_m}{60} \right)}$$

飽和する温度上昇値を求めるために、ポンプ運転経過時間 T を無限大にすると、

$$\Delta t = \frac{0.2389 \times H_m}{101.97 \times C_W} \left(\frac{0.8}{\eta_m} - 1 \right) = \frac{H_m}{427 \times C_W} \left(\frac{0.8}{\eta_m} - 1 \right)$$

⑦ 考察

「ポンプの振動、騒音」などの熱量の総和 E_4 は、ここでは軸動力 S_m の 20 ％と仮定しています。これらの消費動力がいくらか、筆者は断定できません。実験によって求めることが、ひょっとしたら可能かもしれません。

しかし、これらのうち「ポンプの構成部品、配管およびタンク材料の温度上昇」および「ポンプ、配管およびタンク外表面からの熱放射」は装置の計画が終われば、周囲の条件などを仮定すれば計算で推測が可能になります。実はこのような装置について、温度上昇がいくらになるか問合せを受けたことがあって、上述のように回答しています。

たとえば、装置内の液温を一定にして試験する場合、タンク内にヒータと冷却水の配管を設けて、放熱などとの熱バランスを取りながら実施していただきたいと思います。

6-6 ● 空気の侵入防止

　ポンプや配管の内圧が大気圧力より低い場合、ポンプや配管内に空気が外部から侵入することがあります。ポンプの吐出し側は、一部の軸流ポンプを除き、このような負圧になることはありません。しかし、吸込側は負圧になることがよくあります。吸込側から空気を吸い込むと、羽根車の入口を塞いでエアーロックを起こしたり、ポンプの吐出し量や全揚程が不足したり、振動や騒音が高くなったりという問題が発生します。

　このような問題が起こった場合、空気を吸い込んでいるのが原因なのか他に原因があるのか、原因を特定することは容易ではありません。少なくとも、原因になり得る要素はできるだけ少ない方がよいのです。そのため、ここではポンプの吸込配管から空気を吸い込まないための方法について紹介します。

　例として図6-14に示す吸上げの吸込配管で、最下端にフート弁が付いた場合を考えてみます。鋼管と継手の締結部は「ねじ込み」、「ねじ込み＋シール溶接」、「ソケット溶接」などがあります。フート弁は液中にあるので、ねじ部が緩んでも脱落しないかぎりは問題ありません。

　まず、「ねじ込み」の場合を図6-15に示します。ポンプの運転中に、

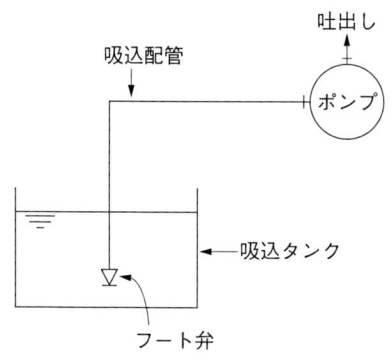

図6-14　吸上げの吸込配管

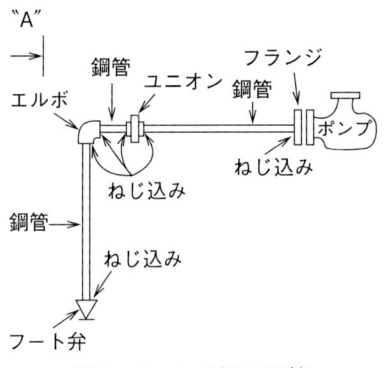

図 6-15　ねじ込み配管

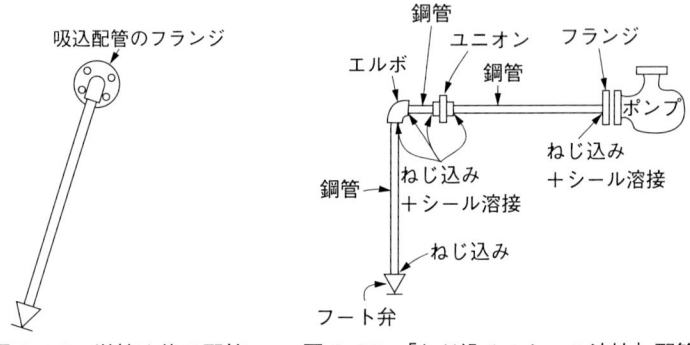

図 6-16　増締め後の配管　　図 6-17　「ねじ込み＋シール溶接」配管

　仮にねじ込み部から空気を吸い込んでいるとすれば、ねじ込み箇所をさらにきつく締め込むために、「増締め」します。そうすると、図 6-15 の"A"から見た図 6-16 に示すように、立配管が垂直にならないことに加え、ポンプの吸込ノズルに接続するフランジも穴が合わなくなって、再取付けが困難になります。

　それでは、図 6-17 に示すように、ねじ込んだ後にねじ込み部を図 6-18 に示す「シール溶接」をしたらどうでしょうか。溶接したからには緩む心配はないので、増締めは不要です。しかし、ねじ部が完全に密封されているかどうか少し心配が残ります。ねじを使わないで溶接する方法が、図 6-19 に示すのは「ソケット溶接」です。この方法はねじ部が

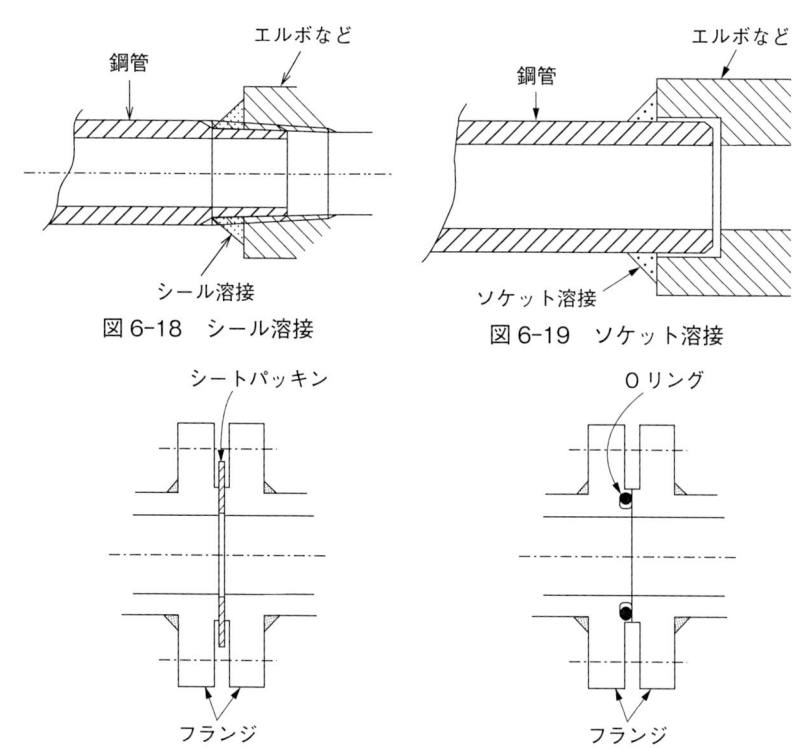

図 6-18　シール溶接　　　　　図 6-19　ソケット溶接

図 6-20　シートパッキンによるシール　　図 6-21　Ｏリングによるシール

なく、鋼管の外周とエルボなどの端面を完全に密封できるので信頼性が高くなります。

　吸込圧力が 5torr のような高真空になる場合、**図 6-20** に示すように、フランジ同士のシールにシートパッキンを使っていると、そこから空気を吸い込む恐れがあります。配管を修正できないときに苦肉の策として、フランジ同士の外側全周にガムテープ（商品名）を巻くと少しは効果があるのですが、確実ではありません。このような高真空では、耐食性や温度などにおいてＯリングが使用可能であれば、**図 6-21** に示すように、どちらかのフランジ面にＯリング溝を加工してＯリングでシールする方法があります。Ｏリングが使用できなければ、図 6-20 に示すシートパッキンに替えて、渦巻ガスケットを使用することになります。

6-7 ● 空気を含んだ液の運転

　ポンプや配管内に空気が外部から侵入しないとしても、パルプ液や復水などのように、液そのものに空気が混入している場合はどうしたらいいでしょうか。液中にある空気を取り除くためには、液温を上げることと圧力を下げることに効果があります。理科年表にあるデータをまずみてみましょう。図 6-22 に 1 atm における水 1 cm³ に対する酸素の溶解度、図 6-23 に圧力と水温が変化したときの水 1 cm³ に対する酸素の溶解度を示します。両図から、次のことがわかります。
① 液温が高いほど、酸素の溶解度が低下する。
② 圧力が低いほど、酸素の溶解度が低下する。

　この 2 つのことから、液温を上げて圧力を低くすることが液中にある

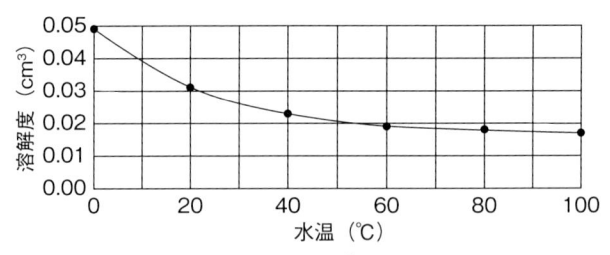

図 6-22　1atm における水 1cm³ に対する酸素の溶解度

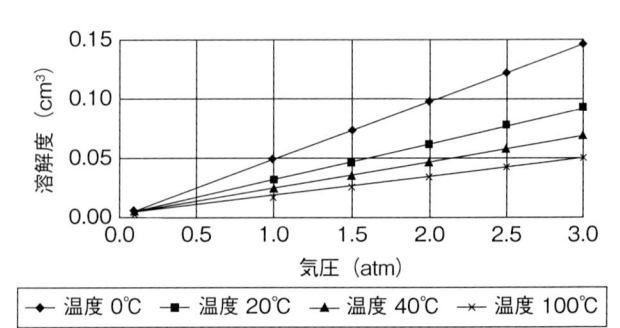

図 6-23　圧力と水温が変化したときの水 1cm³ に対する酸素の溶解度

空気を取り除くために有効であることがわかります。ポンプの性能試験装置では、NPSH3の試験のときポンプの吸込側に、図6-24に示すように、ポンプの吸込側に脱気器を置くことがあります。

しかし、場合によってはこの方法が実用的でないかもしれません。その場合には、ポンプの吸込配管の口径をできるだけ大きくして、吸込流速を小さくして空気を配管内で上昇させて、ポンプに入り込む前に吸込タンクへ戻す方法は効果があります。

具体的には、図6-25に示すように、吸込タンクから取り出す配管はできるだけサイズを大きくします。そして、同じ配管サイズの空気抜き短管、レジューサおよびポンプと同じ配管サイズの整流短管を取り付けます。空気抜き短管の断面を図6-26に、同図における断面"A"を図6-27に示します。空気が混入している液を低速にして、空気を上方に浮

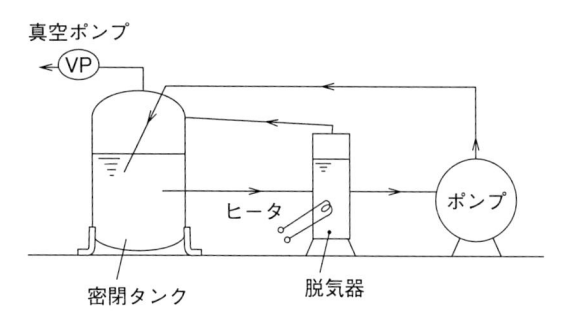

図6-24 脱気器を付けたポンプの性能試験装置

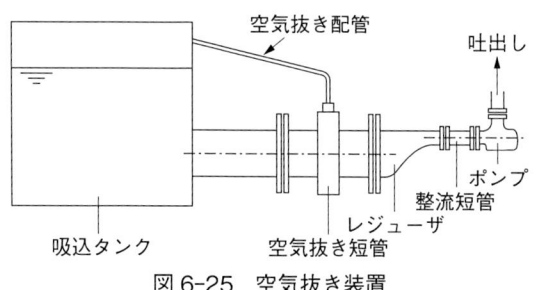

図6-25 空気抜き装置

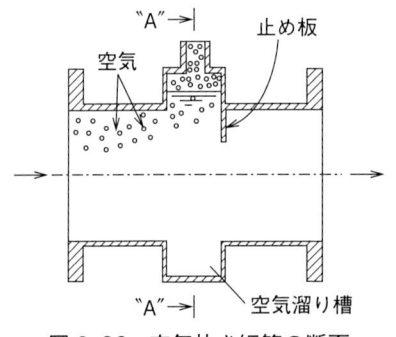

図 6-26　空気抜き短管の断面 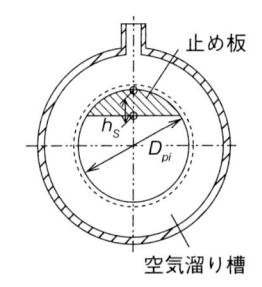　　図 6-27　空気抜き短管の止め板

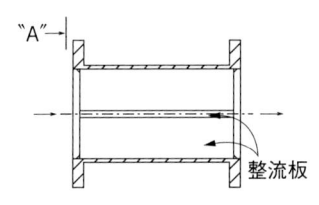

図 6-28　整流短管の断面 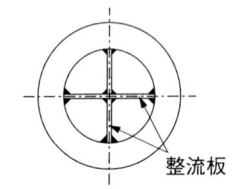　　図 6-29　整流短管の整流板

かせます。そして、その空気を図 6-26 に示す止め板で止めて、空気溜り槽へ滞留させて、図 6-25 に示す上り勾配になった空気抜き配管で吸込タンクの気相へ戻します。止め板の高さは上から配管内径の約 1/4 覆うように $h_s = 1/4 \times D_{pi}$ にし、溶接で固定します。

次に、整流短管です。断面を**図 6-28** に、同図における矢視〝A〟を**図 6-29** に示します。整流短管には十字形に整流板を溶接で固定し、羽根車の回転によって吸込配管の上流部に旋回流が発生して空気が上昇できなくなることを防止します。

図 6-25 に示す吸込タンクは密閉になっていますが、大気に開放したタンクにも適用できます。また、同図では吸込が押込みになっていますが、吸上げのときは逆に空気を吸い込んでしまうために、この方法は適用できません。吸込配管の途中に弁やストレーナなどを付ける場合には、配管サイズが小さい方に付けると経済的です。

6-8 ● 吸込側のレジューサ

　ポンプの吸込が吸上げで、吸込配管がポンプの吸込口と同じサイズの鋼管のときは、**図 6-30** に示すように、ポンプの吸込口に向かって上り勾配にして、液に空気が混入していたとしても、瞬時のうちにポンプへ入って吐き出されるようにします。この上り勾配は**図 6-31** に示すように、一般にはフランジ内径と鋼管外径のすき間を利用して、傾けて溶接することによって形成されます。

　ところが、NPSHA を大きくしたいなどの理由によって、ポンプの吸込口の手前にレジューサを入れることがあります。レジューサには、同

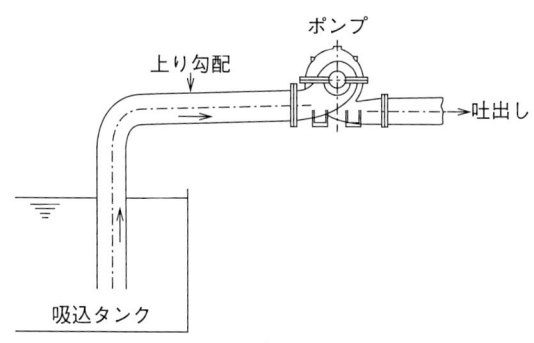

図 6-30　吸上げのときの吸込配管

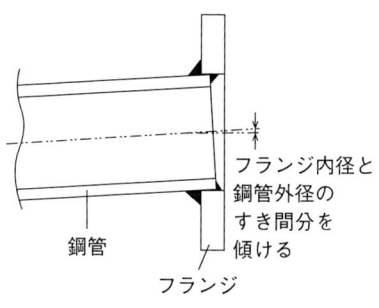

図 6-31　鋼管の溶接

心と偏心のものがあります。たとえば、同心のレジューサを使って、**図 6-32** に示すように配管したとすると、配管の上部に空気溜りができる恐れがあります。レジューサを入れる場合には、**図 6-33** に示すように、必ず偏心のものを使います。また、配管はポンプの吸込口に向かって上り勾配にします。

　吸込が押込みの場合、吸上げのときのようなことは不要ですが、配管途中で **図 6-34** に示すようにな盛り上がりがあると、空気溜りができる恐れがあります。そのため、このような配管は避ける必要があります。

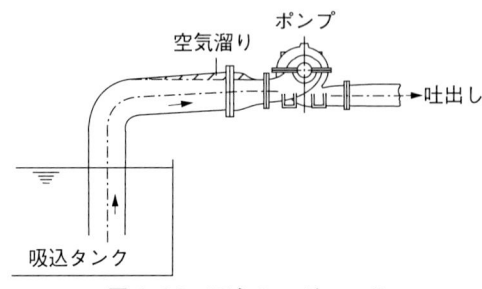

図 6-32　同心のレジューサ

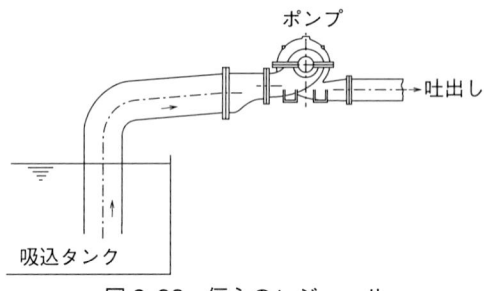

図 6-33　偏心のレジューサ

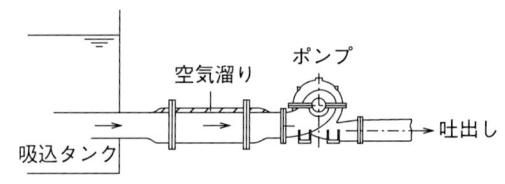

図 6-34　押込みのときの吸込配管

6-9 ● 渦の影響

　ポンプの吸込口直前に曲管が付いていると、**図 6-35** に示すように、曲がった直後に渦が生成されます。そして、その渦がポンプに入り込むと、異常な振動を起こすことがあります。経験的には、モータ定格出力が15kW までの小さいポンプでは、曲管をポンプの吸込ノズルに直接付けても、このような問題は起こりません。しかしながら、このような渦は発生させない方がいいので、**図 6-36** に示すように、通常は吸込配管の直管部長さは、吸込口径の 4 倍以上にします。吸込配管の直管部が確保できないときは、曲管内に整流格子を入れ、ポンプ吸込部で渦ができないようにします。

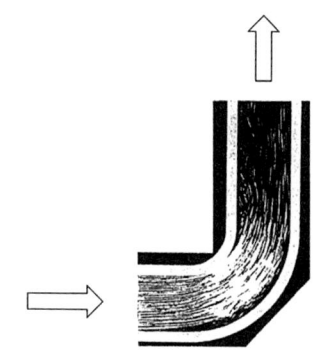

図 6-35　曲管後流の渦

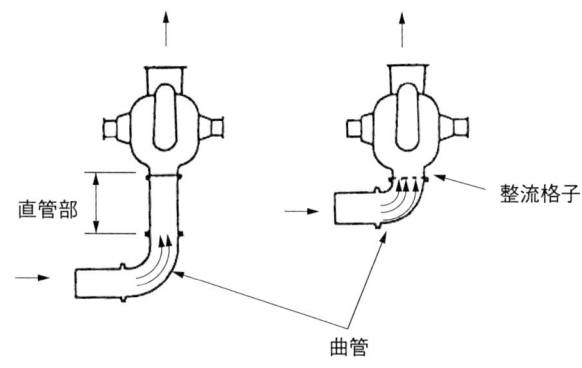

図 6-36　渦発生の抑止法

6-10 ● 初生キャビテーション

　ポンプがキャビテーションを起こさないで安全に運転されるためには、NPSHA > NPSH3 という関係になることが必要です。吐出し量を一定にして、NPSHA が十分にある状態のときの全揚程を 100 % とし、NPSHA を徐々に小さくしていったときに、全揚程が低下します。この低下したヘッド分が 3 % になったときの NPSHA を NPSH3 と定義しています。ところが、比速度が大きいポンプでは、低下するヘッド分が 3 % にならなくても振動や騒音が大きくなることがあります。

　図 6-37 に、最高効率点の吐出し量を 100 % とし、最高効率点の吐出し量における NPSH3 を 100 % にしたときの NPSH3 および初生キャビテーションの曲線を示します。初生キャビテーションは、ヘッドが低下し始める直前の NPSHA を表します。

　同図で立方向にハッチングしている範囲で、実は振動や騒音が大きくなることがあるのです。この原因で問題が起こった場合、可能であればポンプの運転点を変えることが得策です。

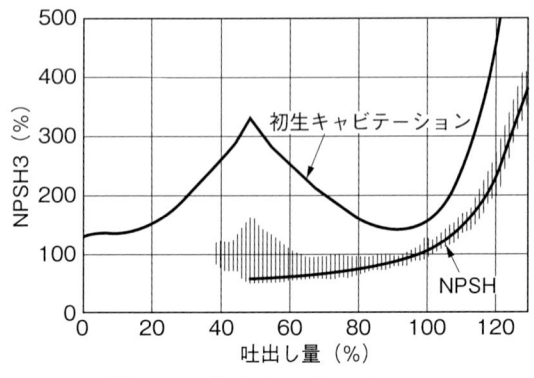

図 6-37　初生キャビテーション

6-11 ● 並列運転と直列運転

ポンプを2台以上使って、並列に設置して同時に運転する場合を「並列運転」、直列に接続して同時に運転する場合を「直列運転」と呼びます。ここでは、同じ性能のポンプを2台使ったそれぞれの運転について説明します。

（1） 並列運転

まず、並列運転です。並列運転は吐出し量をポンプ1台のときより多くしたい場合に利用されます。図6-38 に示すように、ポンプを2台並列に設置し、吸込配管は一般にはポンプそれぞれに設け、吐出し側は合流して1本の配管にします。ポンプの運転点について図6-39 に示します。同図で、横軸に吐出し量、立軸に全揚程を示します。1台単独運転の全揚程は、ポンプ1台の全揚程をそのまま描きます。並列運転の合計の吐出し量は、締切点では1台の全揚程の点D、その他の吐出し量では横方向に吐出し量を加算して描きます。具体的には、点Bの吐出し量 Q_2

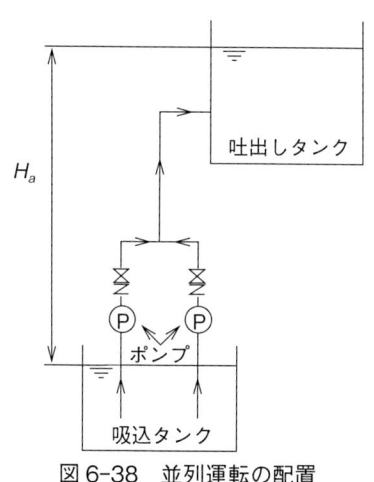

図6-38　並列運転の配置

図 6-39 並列運転の性能

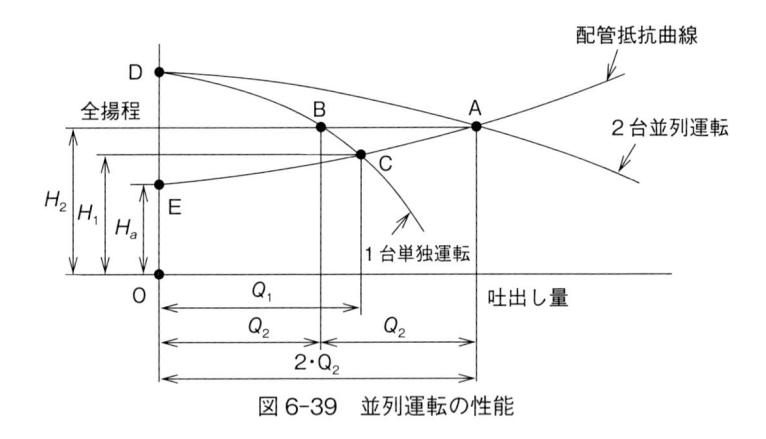

を横方向に加算して $2 \cdot Q_2$ の点 A を求めます。他の吐出し量も同様で、1 台の全揚程の吐出し量と同じ吐出し量だけ加算して求めます。

　点 DBC を通る曲線がポンプ 1 台の全揚程、点 DA を通る曲線がポンプ 2 台の全揚程、点 ECA を通る 2 次曲線は配管抵抗曲線です。どちらかのポンプ 1 台の単独運転のとき、両者の交点 C が運転点になります。

　ポンプ 1 台を運転していて、もう 1 台のポンプを運転すると、吐出し量が増加するので配管抵抗も増加し、点 C から点 A に運転点が移動します。2 台の並列運転のときは配管抵抗が増加するので 1 台の吐出し量は減少し、それぞれのポンプの運転点は点 C から点 B へ移動します。したがって、1 台の単独運転のときは、吐出し量 Q_1、全揚程 H_1 ですが、2 台の並列運転のときはそれぞれ吐出し量 Q_2、全揚程 H_2 になります。

　ここで、ポンプ 1 台が運転されていて、もう 1 台のポンプを始動して数秒間はこのポンプは締切運転になりますが、運転中の全揚程に打ち勝って液が流れ、その後配管抵抗とつり合う 2 台の並列運転点 A に落ち着きます。

> **チェックポイント**
> ポンプを 2 台以上使って、並列に設置して同時に運転する場合を「並列運転」、直列に接続して同時に運転する場合を「直列運転」と呼びます。

（2） 直列運転

次に直列運転です。直列運転は全揚程をポンプ1台のときより高くしたい場合に利用されます。図6-40に示すように、ポンプを2台直列に設置し、吸込配管も吐出し配管も1本にします。ポンプの運転点について図6-41に示します。同図で同様に、横軸に吐出し量、立軸に全揚程を示します。1台単独運転の全揚程は、ポンプ1台の全揚程をそのまま描きます。直列運転の合計の全揚程は、締切点では1台の全揚程の点D

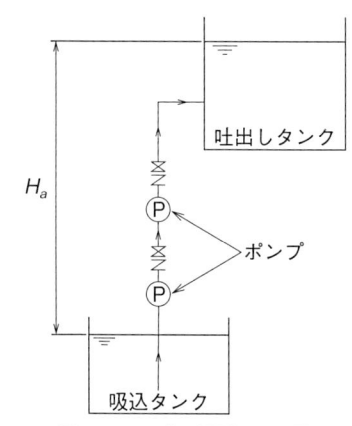

図6-40 直列運転の配置

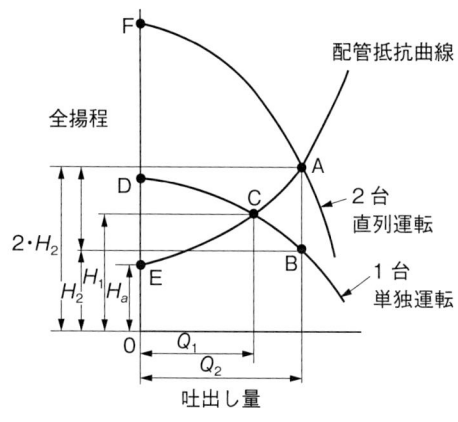

図6-41 直列運転の性能

に同じ全揚程を加算した点 F を求め、その他の吐出し量では立方向に全揚程を加算して描きます。具体的には、点 B の全揚程 H_2 を立方向に加算して $2 \cdot H_2$ の点 A を求めます。他の吐出し量も同様で、1 台のときの吐出し量における全揚程と同じ全揚程だけ加算して求めます。

点 DBC を通る曲線がポンプ 1 台の全揚程、点 FA を通る曲線がポンプ 2 台の全揚程、点 ECA を通る 2 次曲線は配管抵抗曲線です。どちらかのポンプ 1 台の単独運転のとき、両者の交点 C が運転点になります。

ポンプ 1 台を運転していて、もう 1 台のポンプを運転すると、吐出し量が増加するので配管抵抗も増加し、点 C から点 A に運転点が移動します。2 台の直列運転のときは配管抵抗が増加するので 1 台の吐出し量は増加し、それぞれのポンプの運転点は点 C から点 B へ移動します。したがって、1 台の単独運転のときは、吐出し量 Q_1、全揚程 H_1 ですが、2 台の直列運転のときはそれぞれ吐出し量 Q_2、全揚程 $2 \cdot H_2$ になります。

2 台のポンプのうち、最初に始動するのは吸込タンクに近いポンプにします。その後 2 台目のポンプを始動します。2 台目のポンプを最初に始動すると、1 台目のポンプが流れに対して圧力の損失になり、NPSHA を低下させてしまうからです。

（3） 並列運転と直列運転の注意点

それぞれの運転において、次の注意点があります。

① 並列運転：
・1 台単独運転のとき吐出し量が増え NPSH3 が増加するので、NPSHA とモータ定格出力が不足しないことを事前に確認する必要がある。
・性能が異なるポンプであれば、性能が低いポンプが締切運転の状態のままになることがある。

② 直列運転：
・ポンプの操作を容易にするために、2 台のポンプはすぐ近くに設置する。そのため、2 台目の吸込圧力は 1 台目の吐出し圧力になるので、2 台目の軸封ではスタフィングボックス内の圧力が高くなる。

・2台目のポンプに入る流量が不足すると、吐出し量が変動することがある。

これらの対策として、並列運転では図 6-42 に示すように効果は同じですが、並列を止めて単独運転に変更することが考えられます。直列運転では図 6-43 に示すように、ポンプ間にタンクを追加することによってポンプを単独運転に切り替えることが考えられます。これらは2台のポンプが相互に影響を与えることを避けた方法です。実際には状況に応じた最善策を採ることになります。

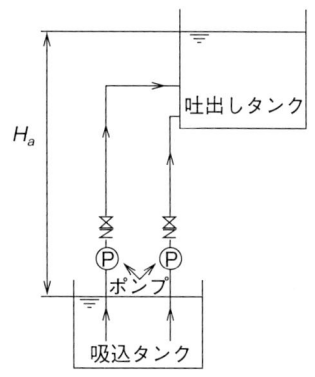

図 6-42　並列運転の変更例

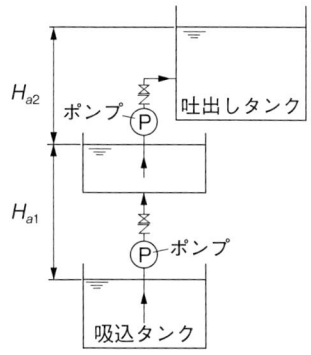

図 6-43　直列運転の変更例

6-12 ● ポンプのウォーミング

　少しの時間も送液を止められない重要なポンプでは、予備機を設けると便利です。2台のポンプを並列で設置して、どちらか一方のポンプを運転します。そして、そのポンプの調子が悪くなったら停止させて、他のポンプを運転します。

　このような重要なポンプで高温液を扱う場合、予備機をウォーミングしてすぐ始動できるよう状態にしておく必要があります。ウォーミングの方法は、図6-44に示すように、運転中のポンプAの吐出し側からバイパスさせて設けたウォーミング配管を使って、ウォーミングオリフィスを介して、予備のポンプBへ高温の液を流します。

　ウォーミングは、一般に液温が120℃を超える場合、ポンプ内に一気に規定の高温液を入れてしまうのではなく、1分間に数℃ずつ液温を上げていき、羽根車、主軸、ケーシングなどをできるだけ均一な温度にして、ポンプを始動可能な状態にすることをいいます。熱膨張の差によってケーシングが割れるのを防止したり、ポンプ内の上下で起こる温度差による曲りなどが起きないようにしたりするために、ウォーミングが必要になります。

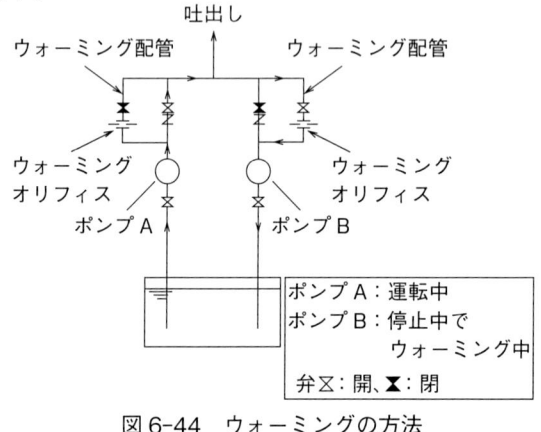

図6-44　ウォーミングの方法

6-13 ● 冷却水の制御管理

　軸受、スタフィングボックス、メカニカルシール用クーラなどに冷却水を供給する必要がある場合、効率よく冷却するための目安として、配管内の流速および冷却水入口と出口の温度差があります。これらは、

> 配管内の流速：1.2 から 2.5 m/s
> 冷却水入口と出口の温度差：最大 20 K（℃）

になります。つまり、流速を上記の範囲に調整し、温度差が 20 K 以下になるようにするのですが、流速が分からないときは、温度差だけで調整します。図 6-45 に配管用炭素鋼鋼管を使ったときの、配管径 1/2" および 3/4" の冷却水の流量に対する流速を参考として示します。

　冷却水は必要があって供給するので、ポンプの運転中に何らかの支障があって供給されない状態になることを避ける必要があります。冷却水を供給するためには冷却水ポンプが必要です。その供給配管の途中にフローリレーなどを設けて、冷却水が流れていないことを検知する安全装置が必要になります。

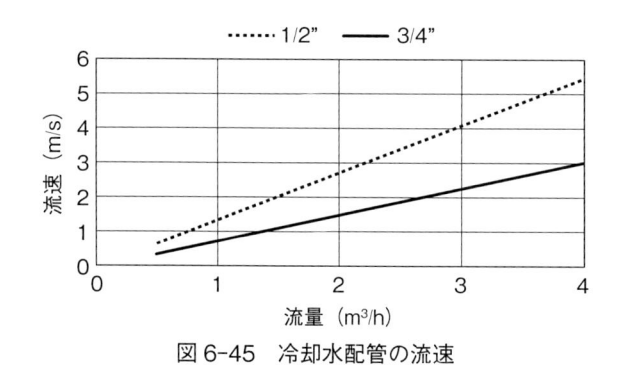

図 6-45　冷却水配管の流速

6-14 ● 振動許容値とポンプの停止

　JIS B 8301 によると、振動基準値として**図 6-46**に示すように、両振幅を参考値として掲載しています。横軸ポンプでは軸受中心における振動、立形ポンプではモータの上部軸受中心における振動としています。同図によると、おおよその振動基準値は 2 極 60 Hz では 28 μm、2 極 50 Hz では 32 μm、4 極 60 Hz では 50 μm、4 極 50 Hz では 55 μm になっています。これらの基準値はポンプの運転の許容される上限値です。これを超えた場合、ポンプを停止する両振幅値を同図に参考として示します。

　振動速度でなく、両振幅を測定してポンプの異常を推定するかどうかは別として、ポンプを停止するときの振動値をあらかじめ決めて運転する必要があります。

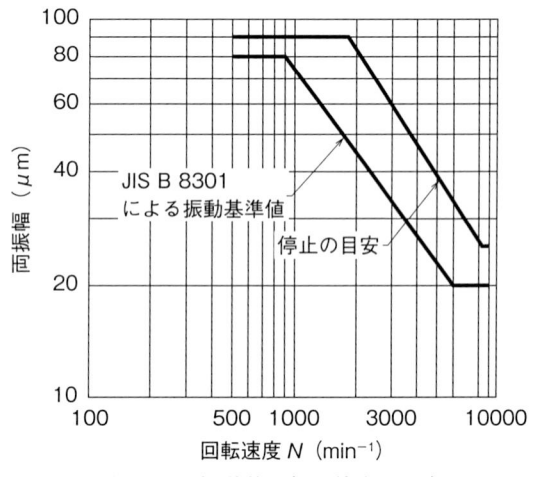

図 6-46　振動基準値と停止の目安

第7章

ポンプの保守点検

　ポンプの保守点検について、その進め方を提案します。また、できるだけポンプの停止時間を縮減するために、どのような予備品をいくつ保有したらよいかを提案します。そして、ポンプの長期保管は、おろそかにすると大きな損失を被るので、どのように保管するかを紹介します。

7-1 ● ポンプの点検

　日常、ポンプの状態を点検することは重要なのですが、ポンプの台数が多いと大変です。しかし、大変だからといって省略することはできません。そこで、長年ポンプの点検をした結果を書類などにまとめておいて、ポンプごとに問題が起こりそうな間隔を把握することが重要になります。間隔が把握できれば、ポンプの重要度に応じて、どの程度の間隔で点検するか方針を立てることが可能になります。ここでは、必要になる保守点検項目と点検結果の評価基準を述べ、管理方法について筆者の考えを参考として提案します。

　保守点検項目の例を、日常、毎月、半年ごとおよび1年ごとに分けて**表7-1**に示します。同表の基準例は点検した結果、問題があるかどうかを判定するための基準を示しています。振動の基準値は**図7-1**に、軸受温度の基準を**表7-2**に示します。これらを参考にして、保守点検を管理するための管理標準を作成して実施します。管理標準の作成方法の一例を**表7-3**に示します。そして、管理標準に不都合があれば、**図7-2**に示すように改善していきます。管理標準では記録が重要になります。

> **チェックポイント**　長年ポンプの点検をした結果を書類などにまとめておいて、ポンプごとに問題が起こりそうな間隔を把握することが重要です。

表 7-1　保守点検項目例

頻度	項目	基準（例）
日常	電動機の電流または電力	新設時を基準にして +5% 以内
	吐出し量	新設時を基準にして −5% 以内
	吐出し圧力	新設時を基準にして −5% 以内
	吸込圧力	新設時を基準にして −5% 以内
	漏れ	メカニカルシール 5.6 g/h 以内
	振動	JIS
	騒音	異音がないか
	軸受温度と周囲温度	JIS
毎月	潤滑油	適正量、劣化確認
半年ごと	潤滑油交換	全量交換、または経験
	軸封（シール）交換	交換、または経験
	電動機の絶縁抵抗	1MΩ 以上
	ボルト増締め	適正トルク
1年ごと	全分解	適宜

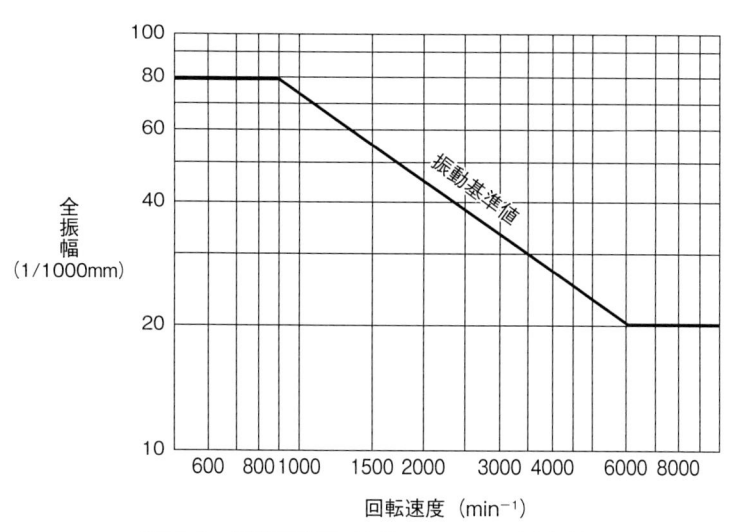

図 7-1　振動基準値（出所：JIS B 8301 試験方法）

表 7-2　軸受温度の基準

（出所：ポンプ JIS B 8301）

	許容温度上昇（K）軸受表面において	許容最高温度（℃）軸受表面において
自然冷却式 普通潤滑油	40	75
自然冷却式 耐熱性潤滑油	55	90
水冷式	受渡当事者間の協定による。	

表 7-3　管理標準

点検項目	日常点検、毎月、半年、1年ごとの定期点検の点検項目および部品を決める。
管理基準	各部品の摩耗や劣化の状態について、管理基準を作成しておく。
計測・記録	点検時の寸法記録や測定値を記録、補修や交換の経歴を記録する。
改善	省エネルギーできる項目を検討する。

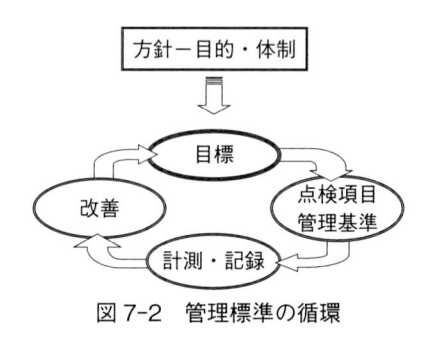

図 7-2　管理標準の循環

7-2 ● 全分解点検と間隔

　ポンプに問題がなくても、定期的にポンプをすべて分解して点検することはその後の運転時間を確保するために必要になることがあります。その間隔をどうするかは難しいのですが、ポンプの重要度と用途によって決めることになります。重要なポンプであれば予備機を設置して、主機として運転されているポンプに問題が発生したら予備機に切り替えて、問題があるポンプはゆっくりと調査して対策を講じればよいのです。
　表7-4に用途別に起こりやすいトラブルと全分解点検間隔を参考として示します。予備機のない場合、トラブルが起こる前に対策すると、生産などへの悪影響を回避することができます。

表7-4　全分解点検と間隔

用　途	起こりやすいトラブル	全分解点検間隔
石油精製ポンプ	シール漏れ、かじり、浸食	2〜4年
化学ポンプ	腐食	1年
高速ポンプ	振動、騒音、シール漏れ	2年
高温ポンプ	かじり、浸食、シール漏れ	1年
低温ポンプ	かじり、シール漏れ	2年
スラリーポンプ	摩耗	半年
海水ポンプ	腐食	1年
上水送水ポンプ	ウォータハンマ	3年
下水ポンプ	詰まり	1年
排水ポンプ	腐食、浸食	1年
デスケーリングポンプ	振動、かじり	1年

7-3 ● ポンプの修理と改造

　汎用ポンプでない限り、ポンプは何度も修理して使用し続けます。修理する場合に重要なことは、部品を単に新品に交換するのではなく、材料を変更して修理間隔を延ばす工夫をしたり、改造を検討したりすることです。修理する間隔を延ばすことができれば、結果的に労力および費用を低減できます。

7-4 ● ポンプの取替え

　数十年前に設置したポンプをまだ使っていることもあるかもしれません。昔のポンプは頑丈に設計し製造されているので、寿命は長いのです。現在は、価格や効率を重視しているので、低価格のポンプは不具合があると、ポンプそのものを新品に取り替える方が安く済むことがあります。

　数十年も前から使っているポンプは、修理をすると逆に修理費が高くなるので、新しいポンプに取り替える必要があります。この場合、購入から始まって廃棄するまでのライフサイクルコストを見積もって、新規に購入するポンプを検討していただきたいと思います。ライフサイクルコストのうち、特にポンプの効率と保守点検の管理は重要です。参考として、**図7-3**にAPI 610を適用したポンプのライフサイクルコストを示します。

> **チェックポイント** 重要なポンプであれば予備機を設置して、主機として運転されているポンプに問題が発生したら予備機に切り替えて、問題があるポンプはゆっくりと調査して対策を講じればよいのです。

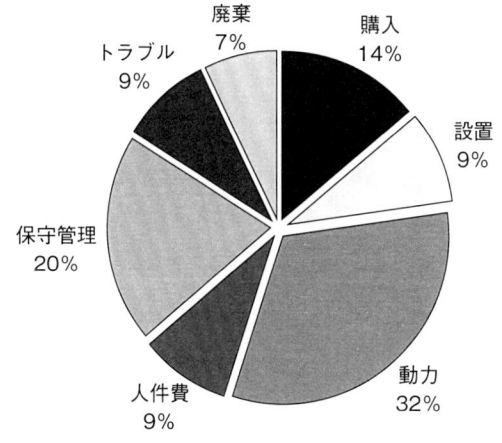

図7-3　ライフサイクルコスト

購入 14%
設置 9%
動力 32%
人件費 9%
保守管理 20%
トラブル 9%
廃棄 7%

7-5 ● 予備品

　ポンプの据付け工事中に、ポンプの外側に露出している油面計や空気抜きなどの部品を破損することがあります。また、据付けが完了して試運転を行っている場合に、ポンプに何らかの異常があれば、分解して調査する必要があります。そのようなときに、あらかじめ対応できるように、予備品を保有しておくと安心です。

　これらの予備品として必要になる部品を、参考として**表7-5**に示します。こに加え、試運転終了後、正規の運転に入ってから2年間運転するための推奨する予備品を追加しています。同表は「％」で示していますが、「100％」はポンプ1台に使用している部品の数を示します。たとえば、メカニカルシール「200％」とあるのは、ポンプ1台でメカニカルシールが1個付いている場合、2年間の予備品数は2個必要になるということを表します。

表7-5 予備品リスト

部品名	据付け、試運転用	2年間用
主軸	0	100
羽根車	0	100
ライナリング	0	100
インペラリング	0	100
軸受	100	100
メカニカルシール	100	200
グランドパッキン	100	400
ガスケット	100	200
Oリング	100	200
油面計	100	100
空気抜き	100	100

7-6 ポンプの長期保管

　ポンプを購入後、プラントの工事が遅れているなどの理由から、ポンプを長期間保管する必要が出てきた場合、ポンプをきちんと保管し運転開始に備える必要があります。長期保管の保守と点検について実施する項目を**表7-6**に示します。特に、軸受や軸受ハウジングは錆びると使用できなくなるので、保管中も潤滑油を適量入れておいて、1週間に1度手回しして潤滑油を撹拌して、軸受や軸受ハウジング内面に付着させる必要があります。

表 7-6　長期保管の保守と点検

状況	No.	実施する項目
保守と点検	1.	グランドパッキンの場合、グランドパッキンの固形するのを防止するためにグランド押えのナットを緩める。 メカニカルシールの場合、そのままにする。
	2.	ごみや湿気からポンプを保護するために、ポンプにシートを被せる。
	3.	1週間に1度、回転体を手回しする。
	4.	1カ月に2度、晴天のときシートを取り外して換気する。
	5.	3カ月ごとの点検と保守 　①ポンプの外面の塗装に傷などがないかを確認する。傷などがあれば補修塗りする。 　②機械加工面に塗布されている防錆油の皮膜を確認する。防錆油が剥がれて錆ているときは防錆油を塗り直す。 　③回転体を手回しし、軸受部に異音や回転のむらがないかどうかを確認する。
	6.	鋳鉄製ポンプなど内部が錆びるポンプの場合、ポンプ内に乾燥剤を入れて密封する。
運転開始前	1.	グランドパッキンの場合、ボルトとナットが脱落していないかどうかを確認する。
	2.	回転体を手回しし、軸受部に異音や回転のむらがないかどうかを確認する。
	3.	潤滑油を全量新しいものに交換する。
	4.	心出しする。
	5.	ポンプの実液運転前に、十分に洗浄のための運転を行う。

参考文献

- 「株式会社荏原製作所」カタログ
- 「JIS B 0131」ターボポンプ用語
- 「JIS B 8313」小形渦巻ポンプ（2013.9.20）などの JIS 規格
- 「Energy Research & Consultants Corporation」効率
- 「ポンプの選定とトラブル対策」外山幸雄著、日刊工業新聞社
- 「API 610」American Petroleum Institute などの米国の規格
- 「ISO 2858」International Organization for Standardization などの ISO 規格
- 「理科年表」国立天文台編纂

索　引

◆英数◆
API 610	11
API 682	88
API 渦巻ポンプ	11
A 効率	52
BEP	37
B 効率	52
CGS 系単位	29
HIS	70
ISO 2858	60
ISO 9906	116
ISO 13709	117
ISO 15156	120
ISO 21049	88
ISO/TR 17766	117
JIS B 0131	27
JIS B 8301	116
JIS B 8313	52
JIS B 8319	52
JIS B 8322	52
NACE MR0175	120
NPSH3	27
NPSHA	27
Ns	37
ON-OFF 運転	128
O リング	72
S	40
SI 単位	29
USGPM	31

◆あ◆
アキシャル側軸受カバー	66
アキシャル軸受	66
アキシャルスラスト	78
脚支持	141
圧力計	33
圧力計の読み	33
鋳抜き	15
インバータ	180
インペラナット	66
インペラリング	66

渦	201
渦巻形金属ガスケット	72
渦巻ポンプ	10
裏羽根	79
運動量変化	154
液温	27
遠心ポンプ	10
エンド	134
円筒ころ軸受	96
円板摩擦損失	55
オイルフリンガ	66
オープン形羽根車	76
押込み	166
汚泥用水中モータポンプ	26
オリフィス径	106
温度上昇	115
温度上昇値	188

◆か◆
カートリッジ式	88
海水	151
回転環	89
回転速度	27
化学液	152
かじり	166
加振力	154
ガスケット係数	72
片吸込形羽根車	41
管理標準	212
還流量	77
機械損失	55
基礎ボルト	162
規定全揚程	27
規定吐出し量	27
逆回転	177
キャン	16
キャンドモータポンプ	16
共通ベース	154
空気抜き	66
空気抜き短管	197
空気抜き弁	167

221

組合せアンギュラ玉軸受	96
クリアランス	84
クローズド形羽根車	76
ケーシング	66
ケーシングガスケット	66
ケーシングカバー	66
結線図	176
減速運転	180
工学系単位	29
口径	60
高比速度ポンプ	22
効率	27
固定環	89
コンスタントレベルオイラー	66

◆さ◆

最高効率点	37
最小設計締付圧力	72
サイド	134
サイドカバー	15
材料クラス	148
差込み溶接	137
産業用渦巻ポンプ	10
シールレスポンプ	16
軸受支柱	66
軸受ナット	66
軸受ハウジング	66
軸受ブラケット	88
軸間距離	162
軸スリーブ	66
軸封（シール）	66
軸流ポンプ	22
仕事	56
締切運転	188
斜流ポンプ	22
主軸	66
主板	77
常時逃がし配管	126
衝突損失	55
初生キャビテーション	202
真空ポンプ	168
シングル形メカニカルシール	118
シングルボリュート	68
振動許容値	210
振動速度	210

吸上げ	166
吸込圧力	27
吸込口径	60
吸込比速度	40
吸込揚程	42
吸込流速	60
水中モータポンプ	25
水平度	163
水平割り多段ポンプ	20
水力損失	55
水冷ジャケット	121
水冷配管	121
スタフィングボックス	66
ステパノフ	70
スペーサ付きカップリング	164
スラスト係数	69
スラリーポンプ	15
スロートブッシュ	66
性能曲線の例	46
整流板	66
整流短管	197
セルフシール	72
セルフベント	166
旋回流	198
全分解点検間隔	215
全揚程	27
増速運転	186
速度変化	57
側板	77
ソケット溶接	137
外胴	21

◆た◆

体積効率	39
ダイヤルゲージ	164
多段ポンプ	18
脱気器	197
立形多段ポンプ	23
立形単段ポンプ	23
ダブル形メカニカルシール	118
ダブルボリュート	68
単位同士の換算	29
単独運転	203
中心支持	141
長期保管	218

索引

直管部長さ	201
直列運転	203
吊り金具	66
ディスクカップリング	143
低比速度ポンプ	51
ディフューザ	68
テーパゲージ	163
テーパライナ	162
出口幅	38
デフレクタ	66
同期速度	186
等効率曲線	47
動粘度	27
トップ	134

◆な◆

中子	75
二重胴多段ポンプ	21
ねじ込み	137
熱放射	190
熱膨張	208
上り勾配	199

◆は◆

配管荷重	154
配管サポート	154
配管抵抗曲線	204
配管モーメント	154
バイパス弁	168
背面合わせ	79
吐出し圧力	27
吐出し口径	60
吐出し流速	60
吐出し量	27
バックプルアウト	141
羽根車	66
羽根車の形状	39
バランスホール	66
パルプポンプ	15
ハンドホールカバー	75
汎用渦巻ポンプ	10
比速度	37
非破壊検査	144
表面摩擦損失	55
ファンクーリング	122

フート弁	170
深井戸用水中モータポンプ	25
深溝玉軸受	96
ブラケット支持	141
フラッシングプラン	181
フランジ形たわみ継手	143
フランジ規格	131
フレキシブルチューブ	160
平行ライナ	162
並列運転	203
ベルト	180
飽和蒸気圧力	27
保守点検	212
ボルテックスポンプ	78

◆ま◆

マグネットポンプ	18
増締め	194
満液検知器	168
密度	27
密閉管路	190
ミニマムフロー	115
無閉塞形羽根車	76
メカニカルシールカバー	66
目玉外径	38
目玉内径	38
面振れ	163
モルタル	163
漏れ損失	55

◆や・ら・わ◆

予想効率	53
予備品	217
ライナリング	66
ライフサイクルコスト	216
ラジアル側軸受カバー	66
ラジアル軸受	66
ラジアルスラスト	69
両振幅	210
両吸込形羽根車	41
両吸込ポンプ	14
冷却水配管の流速	209
冷却水ポンプ	209
レジューサ	197
輪切り多段ポンプ	19

◎著者略歴◎
外山　幸雄（そとやま　ゆきお）
・1954年12月 北海道上磯郡上磯町（現在は北斗市）生まれ
・1975年3月 函館工業高等専門学校機械工学科卒業
・1975年4月 ㈱荏原製作所入社
　　ポンプ関係の設計、開発、研究、トラブル対策、標準化、見積業務などに従事。JIS規格改正委員およびISO国際規格審議会委員を経験。
・2007年3月 技術士事務所開設のために退社
・2007年4月 外山技術士事務所開設
　　ポンプ関係のコンサルティング、海外製造メーカの日本代理人、製品開発支援、トラブル対策支援、輸出用回転機械の立会検査員、技術者教育、API 610改正委員。技術士事務所開設と同時にホームページを立ち上げポンプの技術相談に応対。
現在、外山技術士事務所所長、技術士（機械部門、総合技術監理部門、第56804号）、エネルギー管理士（第3346号）

●主な著書
・「ポンプの選定とトラブル対策」日刊工業新聞社
・「ものづくり高品位化のための微粒子技術」（共著）大河出版
・「技術コンサルティングハンドブック」（共著）オーム社
・「ものづくり現場の微粒子ゴミ対策」（共著）日刊工業新聞社

絵とき　「ポンプ」基礎のきそ―選定・運転・保守点検―　NDC528

2014年11月25日　初版1刷発行
2025年4月11日　初版16刷発行
（定価はカバーに表示してあります）

ⓒ　著　者　外山　幸雄
　　発行者　井水　治博
　　発行所　日刊工業新聞社
　　　　　　〒103-8548　東京都中央区日本橋小網町14-1
　　電　話　書籍編集部　03（5644）7490
　　　　　　販売・管理部　03（5644）7403
　　FAX　　03（5644）7400
　　振替口座　00190-2-186076
　　URL　　https://pub.nikkan.co.jp/
　　e-mail　info_shuppan@nikkan.tech
　　企画・編集　エム編集事務所
　　印刷・製本　新日本印刷（株）（POD6）

落丁・乱丁本はお取り替えいたします。
2014 Printed in Japan
ISBN 978-4-526-07319-9　C3043
本書の無断複写は、著作権法上の例外を除き、禁じられています。